ライオンのクリスチャン

都会育ちのライオンとアフリカで再会するまで

アンソニー・バーク & ジョン・レンダル
西竹徹＝訳

A LION CALLED CHRISTIAN
The Enchanting True Story
Of Three Friends
And Their Remarkable Reunion

Anthony Bourke & John Rendall

早川書房

ライオンのクリスチャン

――都会育ちのライオンとアフリカで再会するまで

A LION CALLED CHRISTIAN
by
Anthony Bourke & John Rendall

Translated by
Toru Nishitake
First published 2009 in Japan by
Hayakawa Publishing, Inc.
This book is published in Japan by
arrangement with
Transworld Publishers
a division of The Random House Group Ltd.
through The English Agency (Japan) Ltd.

クリスチャンに。
そして、彼に会ったことがない
僕らの家族に。

目次

序文 6
はじめに 8
1 値札のついたライオン 14
2 ソフィストキャット 35
3 百獣の王の威厳 47
4 恥ずかしがり屋のジャングルキング 59
5 提案 81
6 ワールズエンドのライオン 89
7 リースヒルでの生活 97

8 クリスチャンの両親 108
9 ケニアへの移送 118
10 ライオンとしての自覚 139
11 その後のクリスチャン 161
12 クリスチャンの成長 171
13 ユーチューブで流れた一九七一年の再会 178
14 最後のお別れ 196
15 クリスチャンの影響 206
ジョージ・アダムソン野生生物保護トラストについて 213
訳者あとがき 217

序文

ジョージ・アダムソン

一九七〇年四月、私はロンドンの友人ビル・トラバースから手紙を受け取った。クリスチャンというイングランド系五世のライオンに関することで、彼を預かり、先祖の故郷であるアフリカの地へ戻す手助けをしてくれないかとのことだった。私とすれば大歓迎だった。クリスチャンを囚われの身から解放できると思ったし、イングランドからアフリカへライオンを帰還させるのはおそらく初めての試みで、やりがいを感じたからだ。

人の手によって育てられたとはいえ、環境が変われば、クリスチャンはライオン本来の知性と本能を取り戻し、野生生活に適応できるはずだと考えていた。だが、正直なところ、クリスチャンの二人の飼い主については、クリスチャンと一緒にアフリカへやって来て、私のところへ数週間滞在する予定だと聞かされ、一抹の不安を覚えたものだった。きっと長髪で派手な服を着た、今風の若者に違いないと思ったのである。ナイロビ空港に彼らを迎えに行くと、案の定、二人はロングヘアーにピンクのベルボトムジーンズという出で立ちで現れ、私の不安を大きくさせたのだった。ただし、いざ付き合ってみると、エースとジョンが信頼できる人間であることはすぐにわかったし、彼らとクリスチャンとの間に強い絆も感じたものである。クリスチャンを危険や困難が待ち受ける野生の中に放すことが、彼らにとってどんなにつらいことか、私は経験上よくわかっていたつもりだ。

この原稿を書いている時点で、クリスチャンはおよそ二歳になった。野生の環境にも、まるでそこで生まれたかのように、すっかり馴染んでいる。慣れるまで最初は少し時間がかかったが、特別なトレーニングは必要なかった。彼の中にあった野生の本能が、よみがえっていったのだろう。

一九七一年七月一五日

コラのカンピ・ヤ・シンバにて

はじめに

一九七一年、僕たちはロンドンからアフリカへ渡ったライオンの話を綴ったこの本を出版した。

当時、クリスチャンの本は四カ国語に翻訳され、さまざまな雑誌にも連載されたため、広く知られることになった。『ワールズエンドのライオン（*The Lion at World's End*）』と『クリスチャン・ザ・ライオン（*Christian the Lion*）』という二つのドキュメンタリー番組も各国で何度も放送された。その後、当然の流れとして、人々の興味は次第に薄れていった。時が経つにつれ、僕たちの経験したことは非現実的なもので、まるで一時的な夢、あるいはまぼろしでも見ていたかのような感覚に襲われた。

それからおよそ四〇年。インターネットの動画サイト、ユーチューブを通じて、クリスチャンは世界中の注目を新たに集めるようになった。多くの人たちが、僕たちのストーリーに興味を持ち、感動してくれたのである。

僕たちはあの当時、オーストラリアからロンドンへやって来たばかりの若い旅行者で、ハロッズという有名な百貨店で、思いがけずライオンの子供を買うことになった。ロンドンで、そして田舎で一緒に暮らしたあと、映画『野生のエルザ』で有名になったジョージ・アダムソンの助けを借り、ケニアの自然に戻すことにした。『ワールズエンドのライオン』、『クリスチャン・ザ・ライオン』という二つのドキュメンタリー番組が制作され、クリスチャンの野生復帰計画を通じて、アダムソンがライオンの群れを見守る様子が記録された。ユーチューブにアップされた動画は、僕たちが一年ぶりに、大きく成長したクリスチャンとケニアで再会したシーンを撮影したものだった。

僕たちは一九七一年に発行されたこの本を誇りに思っている。あの頃はまだ二〇代前半だった。今回の改訂版では、オリジナルのテキストへの大きな変更はないが、新たに判明した事実を加えたり、わかりやすい表現に変えたりした箇所がある。また、誤解を与えそうな文章も変更した。

四〇年という歳月が経ち、いまだに鮮明に覚えていることがある一方、記憶が薄れてしまったこともある。ジョージ・アダムソンが一九八六年に発表した自伝『追憶のエルザ――ライオンと妻とわが生涯』と、エイドリアン・ハウスが一九九三年に著した『偉大なるサファリ――ジョージ・アダムソンとジョイ・アダムソンの生涯（*The Great Safari: The Lives of George and Joy Adamson*）』というクリスチャンに関する二つの良書を参照した。この二冊のおかげで、忘れかけていた時系列がはっきりし、新たな情報を得ることもできた。また、エースが当時、両親に宛てて書いた手紙が残っていたことがわかり、これも大いに役に立った。本書の初版は一九七〇年時点の話で終了しているが、この改訂版には、一九七一年と七二年に僕たちがクリスチャンに会いに行ったときのエピソードが新たに書き加えられている。

今回の再出版は、ユーチューブの動画によって、多くの人が僕たちとクリスチャンの話に興味を持ってくれたことがきっかけになった。二〇〇七年の終わり頃から、ユーチューブでクリスチャンと再会したときの動画が流されているとのEメールをいただくようになった。誰が動画を投稿したのかわからない。たとえ自分たちでやろうと思っても、僕たちはその方法を知らなかった。動画のことはとくに気にしていなかったのだが、二〇〇八年になると、ますます多くの人たちの関心を集めていることに気がついた。僕たちの再会シーンは、ホイットニー・ヒューストンが歌うセンチメンタルなバラード『オールウェイズ・ラヴ・ユー』のBGMとともに、〝この動画をメールで送信〟機能によって、世界中の人々にその存在が知られるようになっていたのだ。ユーチューブの再生回数は何百万という数字に達し、別のサイトも新たにオープンするようになった。ときおりコメントに目を走らせてみたが、なんだか自分たちの生活をのぞき見られているような気分になった。ほとんどの人たちは、動画に感動したという、好意的なコメントを寄せてくれた。ネット上では珍しいことだと思うし、たくさんの方々と感動を共有できたことは、極めて特別な経験であった。

だがインターネットは基本的に無規制な世界であり、クリスチャンや僕たちに関する情報も、誤っているものが少なくない。とくに、僕たちがクリスチャンに会いに行ったとき、危険があったというのは間違いである。ジョージは当時、クリスチャンを預かって一年になっていたが、彼はクリスチャンが僕たちのことを絶対に覚えていると言ってくれていたのである。ただあとになって、クリスチャンがあんなに大喜びするとは予想外だったと話してくれたが……。

その後、アメリカのテレビ番組が動画を紹介したことで、動画の再生回数は三〇〇万回を超え、各国のテレビ番組も僕たちの動画を流すようになった。クリスチャンはもはや世界的に有名なライオンとなり、僕たちはユーチューブの再生回数が四〇〇万回を超えたあとは、もうチェックすることをやめてしまった。また、僕たちの動画を扱ったサイトは八〇〇を超えたという。ハリウッドのプロデューサーからも電話がかかってきた。面白おかしく作ったパロディー動画もアップされるようになり、アメリカのSNSであるフェイスブックでは、クリスチャンの名を借りた誰かが友人を増やし続けているようである。

四〇年前は、ロンドンのライオンがアフリカの大地へ帰るという物珍しさが受け、世間の注目を集めたように思う。だが今回は、一九七一年の再会を撮影した数分間のあの動画のおかげで、多くの人たちは、僕たちと野生動物との愛情関係、一年ぶりに会っても、クリスチャンが僕たちを覚えていたことに共感してくれたと思っている。大きな反響があったのは、とてもありがたいことだし、僕たちも何十年かぶりに、当時を懐かしく思い出したものである。ジョアンナ・C・エイブリーという女性からは、僕たちが動物に関する社会の固定観念を打ち破り、人間と動物の間には類似点があることを示してくれたというEメールをいただいた。

僕たちは、あの動画がなぜ多くの人たちの心をとらえたのか、その理由が知りたくなった。クリスチャンが僕たちのことを覚えていて、再会を喜んでくれたからだろうか？　離ればなれになったストーリーが感動を呼んだのだろうか？　別れの寂しさと再会の喜びという話が人々の心を打ったのか？　自分たちの飼っているペットと僕たちの話を重ね合わせたのだろうか？　外で遊ぶ代わりに屋内でコンピューターゲームをする子供が多くなり、自然と触れ合う機会が少なくなってきたからだろうか？　いまよりものんびりと自由に、いろんな冒険を体験できた子供時代へのノスタルジアなのだろうか？

インターネットはコミュニケーションの手段を大きくさまがわりさせ、ソーシャルネットワーキング、情報の伝達、社会的、政治的活動などにおいて、これまでは考えられなかった、新しいやり方を提供できるようになってきた。インターネットは、使い方次第で大きな影響力を発揮する。みんなが力を合わせれば、世界が直面する社会、環境、野生生物などの緊急問題に対して、少しでも解決策を見出せるのではないだろうか。

1 値札のついたライオン

ライオンのいない動物園は動物園ではない。イングランド南西部のデボン州イルフラカムにある小さな動物園も例外ではなく、つがいのライオンが仲良く暮らしていた。雄《おす》ライオンはオランダのロッテルダム動物園から、雌《めす》ライオンの方はエルサレムの聖書動物園から連れて来られていた。一九六九年八月一二日、この二頭の間に初めての子供が生まれた。男の子が一頭、女の子が三頭の合計四頭で、いずれも元気な赤ちゃんだった。生後九週間が経った頃、世間では夏休みが終わり、動物園を訪れる人の数が一段落したとき、二頭の雌の赤ちゃんが動物商の手へと渡り、最終的にサーカス団へ売られることになった。残りの雄の赤ちゃんと雌の赤ちゃんは、ロンドンのナイツブリッジにある高級百貨店ハロッズに売られた。四頭の赤ちゃんライオンは、両親と同様、一生涯を檻の中で過ごすことになるものと思われた。

　この赤ちゃんたちが生まれる三カ月前、僕たちは、将来に不安を抱えながらも、楽観的な気持ちで、初めてオーストラリアの地をあとにしていた。二人とも大学を卒業したあと、さまざまな職を経験したが、キャリアはまだ何も積んでいなかった。ロンドンへ渡る若いオーストラリア人は昔から多い。また、近頃は少なくなったが、アジアから中東を抜け、いわば陸路でヨーロッパを目指す者もいた。

　僕たちは別行動で数カ月間、旅行をしていたのだが、一九六九年一一月の末、ロンドンでばったりと出くわした。僕たちは観光客というわけではなかったが、何かのきっかけで、有名な観光スポットであるロンドン塔を訪れることもあった。それとは反対に、当時は観光客が足を運ぶことが少なかったハロッズへも足を踏み入れた。当時のハロッズは、客が望むものならどんなものでも提供することで有名で、友人がラクダは手に入るかと訊ねたところ、「ヒトコブですか、フタコブですか?」という返事が返ってきたという。だが、実際にハロッズを訪れたとき、そのすごさは僕たちの想像を超えるものだった。三階の〝動物園〟に立ち寄ったとき、シャム猫とオールド・イングリッシュ・シープドッグの間に挟まれて、二頭の赤ちゃんライオンが売られていたのである。赤ちゃんライオンに値札がついているなんて、ちょっと想像しにくい。

でも二頭の赤ちゃんライオンは、クリスマスの買い物客たちの注目を集めることには成功していた。何もかも手に入れた人にとって、ライオンは絶好のプレゼントと言えるのかもしれなかった。

それでも僕たちにとっては、ライオンをプレゼントにするというのは思いもつかないことだった。もちろん動物園で見かけたことはあったが、それ以上の存在に考えたことはなかったし、ジョイ・アダムソンが一九六〇年に発表した『野生のエルザ』（人間に育てられた雌ライオンのエルザが、ジョイと、その夫でケニア野生生物局猟区管理人のジョージの手によって、野生に戻される話）でさえ読んだことがなかったのである。

僕たちは二頭の赤ちゃんライオンがかわいそうになってきた。ハロッズの店員の努力もむなしく、通り過ぎていく買い物客たちが、赤ちゃんライオンにちょっかいを出していくのだ。だがそれはある意味仕方ないのだろう。雌ライオンは、うなり声をあげてみせる。人々はそれで満足だった。一方、雄ライオンの方は、人間の存在を完全に無視しているようだった。それが僕たちにとってはかわいくて仕方なく、彼のケージのそばに何時間も座り続けた。

「買おうか?」ジョンがそう言うと、エースは「もうクリスチャンって名付けたよ」

と答えたのだった。

ずっとあとになって、店員がマーカスという名前を付けていたのがわかったが（男らしくてカッコいい名前だ）、クリスチャンの方が似合っているように思われた。また、ローマ時代にキリスト教徒がライオンの餌食になったというアイロニーも気に入っていたし、今後、僕たちや周囲の人間が、危険にさらされる可能性があることを忘れないためにもいいと思ったのだ。

僕たちはお互いに、ライオンを飼うという気持ちが本気であることを直感的にわかっていたし、気分がワクワクしてくるのを感じていた。ほんの数カ月間かもしれないが、いまよりはいい生活をさせてやる自信があったし、彼が明るい将来を送れるように努力するつもりだった。クリスチャンを誰にも渡したくないという気持ちがあったのかもしれない。風変わりなペットを飼ってみたいという考えは別になかったが、とにかくクリスチャンには人を引きつける魅力があった。

僕らの頭の中はクリスチャンのことでいっぱいになったが、その一方で、ヨーロッパを旅行中の二人の若いオーストラリア人がペットを飼うというのは、非現実的なことだった。それでも、値段を訊くことぐらいは許されてもいいはずだった。僕たちはハロッズの店員に、まだ買い手はついていないのかと訊ねてみた。雌ライオンは買い手が決まっているが、雄ライオンの方はまだとのことだった。値段は二五〇ギニー。二〇〇九年の換算レートで三五〇〇ポンド（約五五万円）だ。もちろん僕たちにとっては大金だったが、平然を装い、店員にリーズナブルな値段だと言うと、仕入れ担当と話をしてみてはどうかと勧められた。ハロッズとしては、無責任な買い手にライオンを売るわけにはいかないので、事前に面談をしているとのことだった。

僕らは翌日、ずっとスーツケースの奥に眠っていたツイードのスポーツジャケットを引っ張り出し（両親から外国できちんとした場に出るときに役に立つと言われていた代物だ）、髪をきれいになでつけ、再びハロッズを訪れた。僕たちはほんの少しのたわいない嘘と、クリスチャンを飼いたいという強い情熱を見せることで、仕入れ担当のロイ・ヘイズルを納得させることに成功した。つまりクリスチャンの里親になる権利を与えられたのだ。ハロッズがクリスチャンを手放す準備が整ったとき、先買権は僕たちが持つことになったのである。

ここまで物事はすべて順調に進んだ。僕たちは買い物に出かけ、たまたまライオンを見かけ、とても気に入り、そして購入することになった。だが、家にやって来るまで、およそ三週間待たなければならなかった。僕たちはチェルシー地区のキングスロードで小さなアパートをシェアしていた。一階がアンティーク家具店になっていて、二人ともそこでアルバイトをしていたのだが、動物を、ましてやライオンを飼うなんて、まず考えられない状況にあった。毎日のようにあちこちの不動産屋を訪れ、地下室と庭付きのアパートを探したが、いい物件は見つからなかった。正直にライオンを飼うと言っても快諾してくれる家主がいるとは思われなかったので、「イヌと一緒に住むんです」と言ったが、ダメだった。そこで僕たちは『タイムズ』紙に広告を出すことにした。勇敢な、あるいは風変わりな家主がそれを目にしてくれることを期待して。内容はこんな感じだった。

赤ちゃんライオンと若い男性二人が、ロンドンで庭もしくは屋上付きのアパート／貸家を探しています。三五二－七二五二までご連絡を。

だが、かかってきたのは、ライオンの写真が撮りたいだけのほかの新聞社からの電話ばかり。

僕たちに残された道はもう、バイト先のショップのオーナーであるジョー・ハーディング、ジョン・バーナーディストン、ジェニファー・メアリー・テイラーの三人を説得する以外になかった。ショップの名前が〝ソフィストキャット〟というんだから、僕たちを従業員として雇うほかに、赤ちゃんライオンも一緒に飼うことが必要なのではないかとでも言って、強引に説き伏せるつもりだった。ジョン・バーナーディストンはイングランド人らしく、用心深い性格だったが、幸いにもスイスに出かけているところだった。ジョー・ハーディングはケニア生まれで、自分でいろんな種類の動物を飼っていたこともあり、反対はしなかった。そしてジェニファー・メアリーはむしろ歓迎してくれた。その結果、クリスチャンは店の地下室に住むことになったのだが、ジョンがスイスから帰ってきたときは、かなりびっくりするに違いなかった。僕たちは店で働き、その上のアパートに住んでいたこともあり、そこでクリスチャンと一緒に暮らせるのは、始終彼の面倒を見ることができて理想的だった。ただ、ソフィストキャットの地下室は部屋がいくつかあって広かったものの、クリスチャンを運動させるための庭がやはり必要だった。

幸いにも、店から三〇〇メートルばかり離れたところに、庭付きのマンションに住んでいる友人がいた。その庭はいまでもモラビア教会が所有しているもので、完全に四方を壁に囲まれた三〇〇〇平方メートルほどの手頃な広さだった。牧師さんは、熱心なバードウォッチャーだったが、動物全般について理解のある人で、庭の使用を快く許可してくれた。この結果、ロンドンでライオンを飼うにあたり、ハロッズを納得させる要件が整ったと僕たちは確信したのだった。

しかし何年もあとになって考えてみると、やはり僕たちはライオンを買うことを許されるべきではなかったと思ったものである。リスクに対する考えが甘かったし、傷害保険に入っていたわけでもなかった。一九七三年にイングランドで絶滅危惧種保護法が制定されて以降、ハロッズは珍種の動物の販売をおこなわなくなり、ハロッズ〝動物園〟はハロッズ〝ペットショップ〟へと生まれ変わった。僕たちはいまでは、野生生物や珍種の動物を購入することが、密売の促進につながることをよく理解しているつもりだ。

ライオンを飼うことに対して気持ちが盛り上がっていく一方で、想像もできないような問題に直面するのではないかという心配もあった。ライオンがどれだけ人間との共同生活に適応できるかまったくわからなかったし、とにかく簡単にはいかないだろうという覚悟はできていた。僕たちはどちらも、動物好きの家庭で育ったけれど、ライオンを飼うのに、それが役に立つとは思っていなかった。

エースはニューサウスウェールズ州のシドニー北部に位置するニューカッスルで育った。自然に囲まれた環境の中、乗馬を楽しみながら大きくなり、ペットとして常にイヌを飼っていた。また一一歳のときには、ないしょで隣の空き家にネコを飼っていたという。休日には家族でキャンプや釣りに出かけたものだった。

ジョンはシドニーから二〇〇キロほど西にあるバサーストで育った。家では複数のネコ、多くの牧羊犬、さらには人間に害を与えるとして親が撃ち殺されたり、事故で亡くなったりした子供のカンガルーまで、ペットにしていた。

僕たちはハロッズで、赤ちゃんライオンたちは生まれたときから人間の手で育てられており、とくにクリスチャンは甘えん坊だと教えられた。彼には人を引きつける魅力があり、誰からも愛される一方で、冷静な性格も持ち合わせているようだった。

僕たちはできるだけハロッズに通い、店が閉まったあと、ケージから出してやり、一時間ばかり触れ合う時間を持つようにした。一緒に過ごす時間を増やすことで、ソフィストキャットやキングスロードでの生活に早く慣れてくれるだろうと考えたからだ。クリスチャンは僕たちによくなついてくれたが、手に負えないときもあった。鋭い牙を持っていたし、まだ子供で爪の使い方がよくわかっていなかったため、僕たちの身体には引っかき傷が絶えなかったものだ。ただ、クリスチャンは一緒に売られていた雌ライオンよりもはるかに扱いやすかったので、連れて帰っても、問題は少ないだろうと考えていた。

仕入れ担当のロイ・ヘイズルは、クリスチャンを買う最終決断をする前に、ハロッズで前年にピューマを買ったチャールズ・ビーウィックとピーター・ボーウェンから話を聞いてみたらどうかとアドバイスしてくれた。家族で付き合いのあったプリマ・バレリーナのマーゴ・フォンテーンにちなみ、マーゴと名付けられたピューマは大きく成長していた。ロンドンの生活には馴染んでいるようだったが、人間に心を開いているようには感じられなかった。ただし、問題を起こしたことはないようで、それはおそらくチャールズとピーターが、共同生活ができるよう、さまざまな努力をしたからであろう。マーゴとの生活は楽しいし、飼うのは予想よりも難しくなかったという彼らの言葉に、僕たちは勇気づけられたものだった。

それでも僕たちは、クリスチャンはあっという間に大きくなるだろうから、六カ月以上飼うのは無理なはずだと考えるようになっていた。だからその限られた時間の中で、クリスチャンができるだけ楽しく、充実した時間を過ごせるように頑張ろうと決心した。しかし、そのあとで彼を動物園に預けてしまうのははたして正しいと言えるだろうか？　クリスチャンがストレスを感じるのは間違いないだろう。彼を飼うことは自分たちのわがままにすぎないのだ。

そこで僕たちは、イングランド南部のウィルトシャーにあるロングリート・サファリパークに行ってみることにした。そこならクリスチャンがまだのびのびと暮らせるのではないかと考えたのである。バース侯爵とサーカスのオーナーであるジミー・チッパーフィールドが共同で設立したこのサファリパークは、一九六六年にアフリカ以外の土地で初めてオープンしたが、動物を放し飼いにするという、当時としては画期的なやり方で知られていた。そのため当初は、ライオンなどの猛獣が逃げ出してしまうのではと周辺の住民に不安を与えたものの、やがてそれが取り越し苦労だったことが証明された。サファリパークの敷地面積は四〇万平方メートルと広大であり、ライオンはその中で群れを作って暮らしていた。彼らにとってそこは、イングランドにおける最高の居住環境だったのである。そしてこのサファリパークの責任者であるロジャー・コーリーは、クリスチャンが大きくなったときは、喜んで受け入れましょうと言ってくれたのだった。

僕らはクリスチャンをただ飼うだけでなく、彼が僕たちの手を離れたとき、動物園やサーカスで過ごすことがないよう手配しておく必要があった。だがまだ大きな問題が残っていた。それは僕たちにクリスチャンを飼うという重大な責任を引き受ける覚悟が本当にできているかということだった。一緒に暮らすのはライオンだ。人間の次に最も力を持った捕食者である動物を、僕たちの生活、そして周囲の人たちの生活の中に引き込もうとしているのである。人間とライオンの共同生活が不可能だとは考え

〝ファッション中毒〟のエース・バーク（左）とジョン・レンダル。1970年、キングスロードでクリスチャンと一緒に。

上：1970年のイースター。"犠牲者"はなく、撮影は無事に終了。
右：くずかごが大のお気に入りで、まずは頭からすっぽりとかぶり、最後はメチャメチャにかみ砕いたものだった。

右：ソフィストキャットの上階のアパートの一室で。

左：遠くを見つめるクリスチャン。

下：店の階段のお気に入りの場所で。

上：モラビア教会の庭で一緒にサッカー。

左：クリスチャンは、他のすべてのライオンと同様、子供たちに人気があった。

好奇心旺盛で、引き出しの中身などは引っ張り出さずにはいられなかった。

ていなかったが、クリスチャンを手なずける自信が一〇〇パーセントあったかというと、それはなかった。彼は生後四カ月で、どんどん成長している。すぐにいろいろと世話が焼けるようになるだろう。自分たちでも無謀なことをすると思う一方で、クリスチャンとの生活が待ちきれないと思うときもあった。

最終的にクリスチャンを飼う決断をした一番大きな理由は、周囲のほとんどの人たちに反対されたからだった。強い反対を受けたことでかえって、やってみようという気持ちが強くなっていったのである。当然、両親は驚いていたし、「後悔する」とか「クリスチャンを手放すことが難しくなる」とか言ってきた。だが、どうなるかはやってみなければわからない。僕たちは若かったし、楽しいと思ったことには、チャレンジしてみないと気がすまなかったのだ。オーストラリアそして両親のもとを離れていたので、気持ちが大きくなっていたのもあるだろう。一九六〇年代は終わろうとし、大きな社会変化、楽観主義が広がる、さまざまな可能性を秘めた一九七〇年代が始まろうとしていたのだ。

一九六九年一二月一五日、予定よりも数日早く、クリスチャンの受け渡しの準備が整ったとの電話を受けた。クリスチャンは前日の夜中、こっそりとケージを抜け出し、カーペット売り場へ忍び込むと、クリスマスのディスプレイとして飾ってあったヤギ皮のじゅうたんをズタズタに切り裂いてしまったという。僕たちはクリスチャンにリードをつけてスタッフ用の通用口からハロッズを出た。従業員たちは手を振ってくれたが、その顔には大変な仕事から解放されたという安堵の色が広がっていた。自動車の後部座席に堂々と座ったクリスチャンとともに、僕たちはキングスロードへ向けて出発した。とても満足していたし、興奮していた。けれど、僕たちの手に負えない何かが待ち受けているのではという不安も抱えていた。

2　ソフィストキャット

ハロッズのあるナイツブリッジからソフィストキャットがあるチェルシーまでは、車ですぐだった。ケージの中で数カ月過ごしていたため、クリスチャンの世界は突然、大きく開けたことだろう。自動車が動き出すと、驚いたような、戸惑ったような様子で、クリスチャンは僕たちの方へ身を寄せてきた。必死にしがみついてくるので、運転のじゃまになる場合もあった。歓迎プレゼントとして買っておいた大きなテディベアでなだめようとしたが、まったく役に立たなかった。

なんとかソフィストキャットに到着すると、友人たちが首を長くして待っていてくれた。その頃には、クリスチャンは落ち着きを取り戻し、彼をなでようとして、あちこちから伸びてくる手を巧みにかわしながら、店内を興味深そうに徘徊し始めた。新しい環境の中でどうしたらいいかわからないようで、僕たちに助けを求めるような視線を送ってきた。僕たちはハロッズでよく一緒に時間を過ごしたので、クリスチャンにとっては一番身近な存在だったのだ。クリスチャンは僕たちのものだった。

その当時、キングスロードにライオンが住んでいるという状況は、特別に珍しいわけではなかった。一九六〇年代のロンドンは、デザイナー、ミュージシャン、アーティスト、写真家、ライターなどのクリエイターの聖地であり、〝スウィンギング・ロンドン〟と呼ばれたカルチャーを作り出していた。チェルシー地区では、ビートルズ、デビッド・ボウイ、ローリング・ストーンズなどのメンバーがよく見かけられたし、マリー・クワント、バーバラ・フラニッキ、ザンドラ・ローズ、オジー・クラーク、マイケル・フィッシュといったファッションデザイナーたちも活躍していた。そんな有名人たちが、珍しい動物をたくさん飼っていたのである。ピューマのマーゴ以外にも、近所にはサーバルという中型のネコ科の動物が住んでいたし、カジノ経営者のジョン・アスピナールは、数頭のトラとゴリラを所有していた。

スローンスクエアを起点とするキングスロードには、最先端の衣料品店、レストラン、クラブなどが立ち並び、あちこちでアンティークマーケットが開かれていた。流行は次々と入れ替わったが、基本的なコンセプトは変わらなかった。上っ面だけで、見栄を張ったものばかりだったが、そこにはどこか気分を高揚させ、若者を引きつける魅力があった。毎週土曜日は、ファッションに敏感な若者のグループや高級車が道にあふれかえった。それを眺めようと旅行者たちもキングスロードを訪れ、お互いに派手に着飾った洋服を自慢し合った。あの当時、オシャレをすることは楽しかったが、いま思い返してみると、多くの若者はただファッション中毒になっていたのではないかと思う。現在、一九七〇年代のレトロなファッションが再ブームになっているようだが、僕たちとしては微笑ましさと気まずさが入りまじった複雑な心境である。

ソフィストキャットは、キングスロード西方のワールズエンドと呼ばれるエリアにあり、主にアンティーク家具を販売していた。ワールズエンドは当時、チェルシーでもファッショナブルな地域として発展し、ナイジェル・ウェイマウスの「グラニー・テイクス・ア・トリップ」や、ヴィヴィアン・ウェストウッドとマルコム・マクラーレンの「セディショナリーズ」といったブティックが開店していた。パンクミュージックやパンクファッションも、キングスロードから生まれるようになるのである。

クリスチャンは、二日もすると、新しい住居にすっかり慣れてしまったようだった。当初見られた遠慮がちな態度もなくなり、プレゼントしたテディベアのぬいぐるみは、粉々に切り刻まれていた。二階建てのソフィストキャットでの生活を存分に楽しんでいるようだったし、きょうだいの雌ライオンと離れてしまったことを寂しがっている様子はなかった。僕たちがその代役を務めていたからだろうし、多くのネコに見られるような冷淡さはなく、人なつっこかった。ライオンはネコほど冷めた感じではなく、むしろイヌのように愛想がよかった。ライオンは本能的に自分たちが百獣の王であることを自覚しているようで、威厳を備えていた。

生後四カ月、体長約六〇センチ、体重約一五キロの彼自身が、いまやテディベアのような存在だった。だっこされたり、抱きしめられたりするのが大好きで、そのたびに前足を僕たちの首に巻きつけ、舌で顔を舐めてくるのだった。まだら模様の黄褐色の毛はとてもやわらかく、気持ちがよかった。足、頭、耳は、胴体に比べて大きく、これからもっと成長していくことを暗示していた。クリスチャンの魅力はなんと言っても、その丸々とした、赤褐色の美しい目だった。また、性格も明るく、穏やかだったため、僕たちが事前に抱いていたライオンを飼うことへの不安は、すっかりなくなっていた。しつけをすることも可能だった。ネコ科の動物はきちょうめんなようで、ハロッズにいるときも、クリスチャンときょうだいの雌ライオンはケージの中でいつも決まった場所にいたものだった。ソフィストキャットの地下室の一部屋に、ヒーターを設置し、毛布を敷き、そこをクリスチャンの寝床とした。その部屋の隅に即席で作った、ライオンサイズのトイレを置いたのだが、それを汚くするたびに注意すると、そのうちきちんと使えるようになった。自分の名前もすぐに覚えたし、やってはいけないこともすぐにわかってくれた。お行儀のいいライオンだったのだ。

朝は大体八時頃に目を覚ました。と言っても、僕たちが地下に下りて行くのだが、すると彼はまだ眠そうにまばたきをし、僕たちにあいさつすると、フラフラとした足取りで、朝の用を足すのだった。それから朝食になるのだが、一日の最初と最後の食事は、ベビーフードに、ミルクとビタミン剤を混ぜたものを与えていた。ハロッズの店員のサンディー・ロイドは赤ちゃんライオンを本当にかわいがっており、クリスチャンのためにバランスの取れた食事表を作ってくれていた。午前の二回目と午後の一回目の食事には、三〇〇グラムの生肉、生卵、そして骨粉をスプーン一杯ほど与え、カルシウム不足にならないようにした。肉は毎回種類を変え、皮を取ったウサギの肉を食べさせるときもあった。クリスチャンは肉の皮を数日間、ボロボロになるか、ひどい臭いがするまで、持ち歩いていた。大きな骨も大好きで、ガリガリかじったりして、オモチャにしていた。そして何より、誰かに取られる心配がなかったので、彼は安心して食事することができた。

僕たちはやがて、一般に認識されているライオンのイメージが間違っていることにも気づくようになった。たとえば、ライオンのような動物に生肉を与えると、人間を襲うようになるから危険だというのは、誤った考えなのである。だから僕たちは、フランス人シェフがクリスチャンのために美味しそうなヒレ肉を差し入れしてくれるのを喜んで受け入れていた。ただ、クリスチャンの食べる肉の量は毎週のように増えていき、食事代が結構かかるようになったので、彼をベジタリアンにすればよかったと後悔したものだが。

クリスチャンは遊ぶことが大好きで、いろんなものをオモチャにしていたし、店内や地下室のあちこちには、ゴムボールが散乱していた。くずかごが大のお気に入りのようで、まずは頭からそれをすっぽりとかぶると、最後はメチャメチャにかみ砕いてしまうのだった。ふつうの大きさのテディベアなどは、およそ二分で元の形がなくなってしまうので、固いオモチャを与えてやる必要があった。また、こっちがずっと気にかけていないと満足できないようで、僕たちが新聞を読んだり、電話をしたりしていると、すぐにひざの上に乗ってこようとするのだった。

ソフィストキャットには家具がたくさん置いてあったので、クリスチャンはそのうしろに隠れ、僕たちを驚かす遊びを覚えるようになった。僕たちは彼に飛びかかられないようにしていたのだが、彼はすぐにそれをうまく破る方法を見つけてしまった。

つまり家具のうしろに身を隠して（実際にはまるで僕たちの方が彼から隠れているような状況なのだが）、飛びかかってこようとするのだった。そこで僕たちは常に背後を気にするようになったのだが、まさに彼がジャンプしようとしたところで振り返ると、彼はびっくりして、イタズラが見つかった子供のように、前足を舐め、その場をごまかすのだった。そのうち彼の目を見ていれば、何を企んでいるのかわかるようになってきた。彼と一緒にいるのは面白いし、楽しかったものの、体力も使うため、疲れもした。

だから、あまりはしゃぎすぎないように注意したし、直接取っ組み合ったり、追いかけまわしたりすることはしなかった。ある時期を過ぎれば、彼の方が僕たちよりも体力的に強くなっていったが、それを意識させるようなことはしなかった。クリスチャンが自分の力を見せつけようとしたときは、それを抑えるか、無視するようにしていた。遊んでいる最中に、僕たちがバランスを崩して倒れてしまうことがあると、彼は本能的に自分が優位に立ったと感じ、さらに調子に乗ろうとするのだが、僕たちが驚いた様子を見せると、彼自身も戸惑ってしまうようだった。

クリスチャンは毎朝、店の掃除をしてくれるケイ・ドゥーがやって来るのを楽しみにしていた。一緒に遊んでくれるからだ。クリスチャンは楽しそうに、ほうきの先を追っかけたり、掃除機の上に乗ったり、ぞうきんを盗んだり、かじったりするのだった。ケイはクリスチャンをうまく手なずけていたが、彼の身体が日に日に大きくなっていることには驚いていたはずである。

キングスロードにやって来たばかりの頃は、まだ小さくて、店内をお客さんと一緒に走りまわれるほどだった。初めて店を訪れたお客さんには、「ライオンは平気ですか？」と声をかけたものだ。ある女性は、クリスチャンのおしゃぶり用の骨を目にして「まるでライオンサイズね」と言ったので、「そうなんですよ。うしろにいますよ」と答えたものである。その女性は、彼女の横をゆっくりと通り過ぎ、骨を拾いに行くクリスチャンの姿を、信じられないといった様子で眺めていた。

店の看板ライオンとして、クリスチャンは最高の存在だったたし、ソフィストキャットのオーナーたちも、歓迎してくれていた。自分たちが買いたいと思っていた家具の上に赤ちゃんライオンが寝そべっていて驚く客もいたが、怒り出す人はほとんどいなくて、ストッキングが伝線したり、ズボンが破れたりしても、大目に見てくれた。女性のお客さんは、話を信じてくれない夫やボーイフレンドを連れて再び店に来てくれたし、ベビーカーを押してやって来るお客さんも多く、キングスロードのパレードがおこなわれる土曜日ともなると、ソフィストキャットは大勢の人でごった返したものだ。そんなときは、混乱を避けるため、クリスチャンを地下室に連れて行ったのだが、どうしても一目見たいというお客さんにだけ、会わせてあげた。

午後はいつも近所のモラビア教会の庭で運動をさせた。首輪とリードはあらかじめハロッズで買っておいた。ライオンに首輪をつけるのは不似合いかもしれないが、動きを制止するには欠かせなかった。ただクリスチャンの方では、リードでつながれていることをすぐに忘れてしまうのだが……。最初は、庭まで三〇〇メートルの距離だったので、リードをつないで連れて行っていたが、歩くということを知らず、ちょっと全速力で走ったかと思うと、自動車にびっくりして、急に立ち止まる始末だった。多くの人たちに囲まれることもしばしばだった。また、ほかの動物に会うのも心配で、クリスチャンが過剰に反応することはなかったものの、すぐにじゃれ合おうとするので、それを止めるのが大変だった。最初のうちはだっこをして庭に連れて行っていたのだが、すぐに体重が増えてしまったため、店の車を使わざるを得なくなった。リードをつなぎ、彼がゆっくり歩いてくれるのが一番よかったが、ライオンにそんなことを望むのはしょせん無理な話だった。自動車に乗ってもじっとしていることはなく、結局、ライオンに何かを強制するのは限界があるのだった。

この庭はクリスチャンの遊び場として理想的だった。ほかに遊んでいる人も動物もいなかったし、高いレンガの壁に囲まれていた。この壁はチューダー朝時代のもので、現在の建物やモラビア式の礼拝堂はサー・トマス・モア家からの基金をもとに建てられたものだった。その後、複数の貴族の手を経て、一七五〇年にサー・ハンス・スローンがザクセンのツィンツェンドルフ伯爵に売却。ツィンツェンドルフ伯爵は、その土地をイングランドにおけるモラビア人の居住地として提供した。モラビア人は初期の独立プロテスタントの一派で、道徳の堕落とボヘミアにおけるローマカトリック教会の政治行動に抗議して、一四五七年にモラビア兄弟団を形成した。彼らは、ボヘミア人ではなく、モラビア人と名乗ったが、それは一七二二年にモラビアからザクセンのツィンツェンドルフ伯爵の土地に亡命したグループにちなむものだった。庭には伯爵の息子のクリスティアン・レナトゥスが埋葬されており、実際は墓地だったのだが、モラビア人の墓石は質素で水平に安置してあるので、ほとんど目立たなかった。いまでは、よくそんなところで遊んでいたものだと少しだけ罪悪感を感じている。

ただ、当時クリスチャンが遊びまわるには、絶好の芝生が広がっていたし、木々もたくさん立ち並び、垣根もあった。それでも、意外なことだが、彼がこの環境に慣れるまでは数週間かかった。最初の頃は、庭の真ん中には行こうとはせず、垣根のそばにいた。けれど次第に慣れてくると、思いきり遊ぶようになり、僕たちを追いかけまわしたり、飛びついてきたりした。それでもライオンに人間を追いかけさせるのはあまりいいことではない。そこで僕たちはサッカーボールを蹴って、それで遊ばせることにした。クリスチャンはとても足が速く、俊敏な動きを見せた。ボールに追いつくと、それに飛びかかり、ボールと一緒に転げまわるのだった。何度か雪が降ったこともあったが、寒さなどまったく気にせず、雪の上を楽しそうに滑っていたものである。僕たちは毎日のように一時間はその庭で遊んでいた。それでもクリスチャンは物足らないようで、もっと遊んでいたいようだった。

午後の遅い時間になると、クリスチャンはよく、店のウィンドウの中のスポットライトが当たっている家具の上にゆったりと座り、道行く人たちを眺めていたものだ。彼は地域のスターのような存在だったし、地元の人、とくに子供たちから愛され、誇りに思われていた。彼はみんなのものだった。クリスチャンはウィンドウの中で、彼のことを知っている人も知らない人も、全員を楽しませていた。幸せなときだった。目の前に人だかりができ、視界をさえぎられると、彼は別のウィンドウの前に位置を変えるのだった。店の前を通り過ぎるバイクが、クリスチャンの姿に目を奪われ、前方の車に衝突しそうになることもあった。バスの中から親子がクリスチャンの方を見ていたときは、こんな会話を交わしているようだった。

「お母さん、ウィンドウにライオンがいたよ！」

「馬鹿なことを言ってはいけませんよ。ウソつきはお父さんに叱ってもらいますからね」

3　百獣の王の威厳

クリスチャンには、彼がライオンであることを意識させたことはなかった。そうさせてしまうと、共同生活がうまく送れないのではと心配したからだ。彼の前ではライオンという言葉を使わなかった。まだら模様を見てヒョウと勘違いしている人には、紙に「L・I・O・N」と書いて説明したものである。クリスチャンはソフィストキャットにある大きな鏡に映る自分の姿を眺めるのが大好きだった。自分がどんな種類の動物なのかよくわからず、戸惑っていたことだろう。僕たちはよく車で出かけたが、ロンドンにはあちこちにライオンの像があったため、クリスチャンが自分でライオンだということに気づき、怪訝《けげん》に思う前に、本当のことを告げる決心をした。僕たちは彼をトラファルガー広場へ連れて行き、ネルソン記念碑のあしもとに鎮座しているライオン像を見せたが、貴族のシンボルとして使われていることに満足しているようだった。幸いなことに、クリスチャンは自分がライオンであることを自覚したあとも、態度を変えることはなかった。そもそも彼は最初から自分のほうが偉いという態度を取っていたのである。でも多くを知りすぎるのはよくない。だから僕たちはモラビア教会の牧師さんには、昔、キリスト教徒がライオンの餌食になったことをクリスチャンには伝えないようにお願いした。

ハロッズはさすがに高級百貨店らしく、彼らが売っているライオン（つまりクリスチャンのことだが）は優秀だった。健康だったし、気質もよく、簡単に驚いたり怖がったりしない冷静さを備えていた。このような特徴は、僕たちに対する信頼、つまり日々の生活で得られる安心感とともに強くなっていったようである。彼がどんな行動を取るか、ある程度予想できたため、一緒に暮らしていくのはそれほど難しくなかった。彼が何を考えているか理解しようと努めたため、誤った判断をすることは滅多になく、とんでもない結果になる前に、さまざまな状況を予測しておけるようにもなった。

クリスチャンの心理パターンは、人間のそれと通じるものがあった。もちろん僕たちがそのように見ていた部分もあっただろうが、彼の性格の中に人間と同じような側面を感じられたのはたしかだった。たとえば、彼の〝ユーモアのセンス〟は人間のものとほとんど変わらなかった。何かにつまずいてしまったとき、少しきまり悪そうにするのだが、すぐに、多くの人たちがするように、何も起こらなかったフリをするのだ。ライオンはほかの動物よりもうまく人間とコミュニケーションが取れるのではないかと思う。地球上で最も力を持った捕食者である人間とライオンには、共通点があるのだと考えるようになっていた。

クリスチャンはもはや、僕たちの生活、ソフィストキャットにとって不可欠な存在になっていた。僕たちと過ごす数カ月間が、彼にとって満足のいくものになるには、まずは彼自身ができるだけ自由に過ごすことが重要だった。のびのびと暮らしていくには、僕たちが多くの愛情を捧げるとともに、なるべく制限を加えないのが大事だった。

僕たちはお互いを尊敬し合う関係を築いていたし、クリスチャンの方では、一般的なペットのように、人間に従属しているという素振りはいっさい見せなかった。僕たちも、彼を抑えつけるつもりはなく、そうすることはむしろ、経験から言って、悪い結果につながるのではないかと考えていた。第一、ライオンを完全に手なずけるのは不可能だろう。ライオンから一目置かれる存在になるのは容易ではないはずだ。クリスチャンは断固とした性格の持ち主だったが、ともに生活していくには協力が欠かせないのはわかっているようだったし、どんな行動が許されないかもすぐに理解してくれた。僕たちはサーカスやショーに出演する動物と接した機会はなかったが、一般的には、動物をうまく操るにはアメとムチが必要になると考えられているだろう。しかし二〇〇三年、ラスベガスを拠点とするマジシャンコンビのジークフリード&ロイのロイ・ホーンは、不幸なことに、公演中にトラに襲われてしまった。

クリスチャンは常にかまってもらわないと気がすまないようで、人間にちょっかいを出すのが大好きだった。とくに見知らぬ人がどんなリアクションをするかいつも試していた。また、会ったことがある人については、前回どんな反応をしたか、よく覚えていた。ほかの動物と同じく、ある人が動物を苦手にしているかどうかはすぐにわかるようで、それを逆手に取ってイタズラを仕掛けたものである。店を訪れた客が、階段に座っているクリスチャンの姿に気づいていないときは、うなり声をあげて、驚かせるのだった。また、前足で帽子やメガネを払いのけることもあり、好奇心が旺盛だった。彼の目は常に、何か新しいもの、興味をそそるものを探していた。

彼の目こそクリスチャンの特徴を最もよく表していると言える。賢そうな目は、いろんな感情を物語ることができ、僕たちに対する愛情や信頼、あるいは挑発や反抗を的確に示すのだった。何を考えているかよくわかるときもあれば、心の内がうまく読めないときもある。僕たちの存在をすっかり忘れ、どこか遠くを眺めているような目を見せる場合もあった。

クリスチャンは記憶力がよく、人や場所をよく覚えており、僕たちが会ったほかのライオンと比較しても、高い知性を備えていた。店の地下室のドアの開け方はすぐに覚えたし、彼の食事はいつも店の奥の食器棚の上に保管しておいていたのだが、後足で立って、食べ物を下へ落とすようにもなったのだった。

ほかの多くのネコ科の動物と違って、ライオンは、大家族の群れで暮らすため、とても社交的な動物である。クリスチャンは間違いなく僕たちのことを家族と考えていたし、深い愛情を持って接してくれた。ライオンはお互いの頭をこすり合わせてあいさつを交わすが、僕たちもよく、ひざまずいてクリスチャンとこのあいさつをしたものである。彼から離れるときは、その時間の長さにかかわらず、顔を舐め、抱き合ってあいさつするのだった。彼は身体を寄せ合うのが大好きで、僕たちのどちらかに寄りかかってくるか、ひざの上に乗ってくるのだった。ときにはジャンプして僕たちの腕の中に入ってくることがあり、それもあいさつの一つだったのだが、そんな行動を取るライオンを見た人はいなかったことだろう。傲慢《ごうまん》な一面を見せるときもあったものの、きちんとしつけると、怒った様子も見せず、素直に従ってくれた。僕たちが不機嫌になっているとそれを敏感に感じ取り、自分が悪かったと思うと、それを受け入れ、僕たちをまた喜ばせるのだった。

彼は食事に対してあまりガツガツした感じがなく、それはライオンとしては珍しいことだった。奪い合う相手がおらず、決まった時間になれば食事が出てくるとわかっていたからかもしれなかった。だが、僕たちよりもずっとライオンに詳しい人たちにとっては、かなり珍しいことのようだった。もちろん食欲はふつうにあったし、待ちきれずに、僕たちの手を叩いて食べ物を落とすこともよくあった。その一方で、食べすぎと判断したときは、僕たちが口から直接、食事を取り上げることもあった。彼は骨の中にある骨髄が大好きだったが、それをうまく取り出せなかったので、僕たちの指先からていねいに食べたものである。

ライオンは、口を使ってコミュニケーションを取ることがほとんどである。クリスチャンは僕たちの顔を舐めて愛情を表現した。常に舌の両面を使って舐めてきて、その感触は野生動物らしく、とてもザラザラしていた。鋭い乳歯を持っており、最初はそれで僕たちの身体を傷つけることもあったが、すぐにやさしく舐めることを覚えてくれた。物欲しそうに、ただ口を開けて待っているときもあり、それがちょうど僕たちのひざの高さになるため、歯がズボンに当たって破れてしまうことがあった。そこで僕たちは、頑丈な作業服を着て対処したものだった。

ライオンには爪とあごのエクササイズが必要である。最初の数週間は、店にあるテーブルやイスの脚が犠牲になった。だが、しつけをしたらすぐにやめるようになり、代わりに、階段の手すりを使うようになった。ライオンは習慣に従って生きる動物である。また、ほかのネコ科の動物に比べ、あまりジャンプしないので、家具に飛びつくようなことはしなかった。ただし、高いところから見下ろすのは好きだった。テーブルやタンスの上に乗っていることもあったが、それよりも階段の方が高さがあるためお気に入りのようで、前足をぶらぶらさせながら、座っていたものである。家具を壊すことはほとんどなかったが、ある日、店の真ん中に、銀製の食器、陶磁器、ガラス、ロウソクなどをきれいに並べた高価なテーブルを置いていたことがあった。これは完全にこっちの不注意だった。ガラスの割れる音が聞こえたときはもう遅く、見慣れないものに興味を覚えたクリスチャンが、テーブルの上に乗った瞬間、天板ごと滑り落ちてしまったのだった。売約済みのテーブルには、大きなキズがついてしまった。すぐに買ってくれた女性に電話をして謝ったのだが、彼女は「いいのよ」と言ってくれた。「店に行ったのはクリスチャンに会いたかったからなの。テーブルはそのついでに買ったのよ。キズのことは気にしないで。むしろそれでかわいいライオンちゃんのことを思い出せるのでよかったわ」

基本的に家具には手を出さなかったものの、真鍮性のベッドのマットレスだけは別で、いくら言い聞かせても、かみついてしまう。見かねた友人がクリスチャン専用のマットレスを買ってきてくれたときは大喜びで、獲物を捕えたかのように、自分の身体よりも大きくて重いにもかかわらず、得意げに地下室まで引きずっていったのだった。

クリスチャンの爪はとても鋭く、最初のうちはよく引っかかれたものである。でも、僕たちがケガをすると彼と遊ぶのをやめてしまうことに気づくと、爪を立てないことをすぐに覚えてくれた。それでも、何かと格闘するときは、たとえばシマウマに見立ててマットレスと取っ組み合うときは、こっそりと忍び寄り、〝敵〟を地面に叩きつけ、本気で戦うのだった。もちろんそのときは、本能的に爪を立てているのである。

クリスチャンは子供たちに人気があった。彼は子供たちを、僕たち大人とは別の生き物だと考えているようで、違った態度を見せるのだった。ただし、店の中に子供がいるときは、クリスチャンを自由にさせないように気をつけた。ある日、地元紙のカメラマンが店の外から、リードにつながれているクリスチャンの写真を撮ろうとした。

ちょうど、クリスチャンをイヌだと勘違いした女性が二歳ぐらいの子供を連れて、そばに寄って来た。その瞬間、クリスチャンが好奇心に駆られて前足を差し出したため、子供が転倒。僕たちはすぐにクリスチャンを抑えるとともに、カメラマンがそのシーンを撮影しないようにした。子供は少しびっくりしただけで、ケガはしなかった。母親は最初は怒っていたものの、その後、友人やほかの子供と一緒に何度も店に来るようになり、そんな事件をむしろ自慢している様子だった。

クリスチャンの身体はどんどん大きくなっていった。二カ月もすると、たてがみの成長が始まり、急に立派なライオンらしく見えるようになってきた。店にやって来るお客さんに対して、ライオンに背後から飛びかかられたり、大きな前足で抱きかかえられたりすることに、うまく対処してほしいと望むのは無理な話だった。動物というのは自分を怖がっている人間のことが本能的にわかるようで、クリスチャンもその例外ではなく、さらにそんな人たちをイジメて楽しんでいるようだった。だが当然、重大な事故にならないようには気をつけていた。傷害保険に入ろうにも、どこの保険会社も受け付けてくれなかったのだ。

僕たちは、クリスチャンを飼うことの責任の重さを感じるようになっていた。近所にはプロサッカークラブのチェルシーのホームグラウンドがあったのだが、警察からは、サポーターを刺激するといけないので、試合日にはクリスチャンを店の中に入れないようにと言われていた。そのため彼は地下室で過ごすことになり、客がいないときだけ、店にいた。クリスチャンはたくさんのオモチャを持っていたのであまり気にしていないようだったが、自由に店に出入りできないことには、不満を感じているようだった。もよおしたわけでもないのにトイレに座っているときがあったが、それは地下室から出たいというサインだったのである。

ほかのネコ科の動物と同じように、ライオンはほかにやることがなければ、よく眠っているものだが、地下室で寝ているクリスチャンにはいろんな人が訪れたため、ゆっくり夢を見ているヒマはあまりなかった。ソフィストキャットのほかのメンバーである、ジョー、ジョン、ジェニファー・メアリーはクリスチャンのことをかわいがってくれたし、クリスチャンもみんな大好きなようだった。ふだんは僕たちのうち誰か一人は地下室へ行き、クリスチャンと一緒に遊んでいた。クリスチャンに会いたいという人がいれば、その人を地下室へ連れて行くことが多かった。その方が、店の中よりも、安心できたからである。クリスチャンは誰にでも心を開いたし、嫌がる素振りを見せたことはまずなかった。苦手なものと言えば、香水やシェービングローションの強い匂いぐらいだった。また、僕らの友人の一人が、あるコートを着ていると、必ずそれに飛びかかるのだった。

クリスチャンには、僕たちがどれだけ彼をコントロールできているか、あるいはできていないかを、できるだけ気づかせないようにした。ソフィストキャットにやって来てしばらく経っても、僕たちはまだ彼をだっこできたが、少しでも嫌がると、もう彼を離さざるを得なかった。あまりに乱暴な態度を取ると、やめさせようとはしたのだが、それはつまり、彼が体力的に僕たちよりも強くなっていることにまだ気づいていないということだった。ただし、彼はライオンとしては従順な方だったし、協力的だった。言うことを聞かない場合もまれにあったが、そんなとき、僕たちにできることは何もなかった。こっちとしては彼がしていることなど気にしていないフリをするしかなかった。手に負えないということをわからせてはいけないと考えていたのだ。一種の駆け引きだったが、重要だった。

ライオンというのは、不機嫌なときはすぐに態度に表れるもので、歯をむき出しにしたり、爪を立てたりしてくるので、とても危険である。クリスチャンもソフィストキャットに住んでいた数カ月の間に一度だけ、こちらをひどく怖がらせる態度を取ったことがあった。コートについていた毛皮のベルトを見つけると、彼はそれを地下室へ持って行ってしまったのだ。僕たちはそれを取り返そうとしたのだが、クリスチャンはどうしても口から離そうとせず、威嚇するようなうなり声をあげていた。完全に野生動物になってしまっていた。無理矢理ベルトを取り返していたら、こちらに襲いかかっていたことだろう。僕らはその場を立ち去りたかったが、少し離れたところでおしゃべりを始め、何事もなかったかのように、ベルトのことなど忘れたようにとりつくろった。彼を怖がっていると思わせてはいけないと判断したのだ。変に味をしめると、彼がまた同じことを繰り返す危険性があった。幸い、五分もすると、ベルトへの固執はなくなり、興奮も収まった。その後の数時間は、ふだんと同じように、遊んで過ごした。僕たちは彼がはっきりとした態度を示してくれてよかったと思っていた。こんな事件が起きたのは一度きりだったが、クリスチャンはライオンなのだとあらためて認識させられたのだった。

4 恥ずかしがり屋のジャングルキング

ケンジントン&チェルシー地区の女性区長が、クリスチャンに会うためにソフィストキャットを訪れてくれたときだった。区長が頭をなでようと前かがみになると、豪華な装飾を施したネックレスがぶらんとクリスチャンの目の前に垂れ下がった。クリスチャンが思わずそれを前足で払うと、ネックレスは区長の首の周りをぐるりと回転。区長はあっけにとられていたが、幸いにもケガはなかった。ライオンは生まれついての王であり、役所のお偉いさんを相手にしても動じる様子はまったく見せなかった。

いろんな分野の人たちがクリスチャンに会いに来てくれた。ある女性はクマが住んでいると聞き、お菓子を持って店に来たが、クリスチャンがライオンだと聞かされるとがっかりし、さらにお菓子にまったく興味を示さなかったため、もっと落ち込んだようだった。ソフィストキャットの常連客だった女優のダイアナ・リグとミア・ファローは、クリスチャンをとてもかわいがり、何度も店に足を運んでくれた。クリスチャンの存在が世間でも評判になると、僕たちが彼を店の宣伝に利用しているのではと疑う人もいた。けれどクリスチャンが元気で幸せそうに暮らしているとわかると、理解してくれた。

ライオンを飼うことは僕たちの生活の一部となり、周囲の人たちとの話題はクリスチャンに関係するものばかりになった。僕たちのそばに彼がいないと、どこに行ったのかと訊かれたし、飼っているネコの話やアフリカでの体験談などにも耳を傾けなければいけなかった。「あとどれくらい経ったら、人を襲うようになるのか？」という質問はよく受けたものである。だが、クリスチャンが親友のユニティー・ベビス・ジョーンズと遊んでいるところを見れば、それが無意味な質問であることは明らかだった。

ユニティーがクリスチャンと初めて会ったのは、僕たちが彼を飼い始めて一カ月が経った、一九七〇年の一月だった。ソフィストキャットにライオンがいると聞いて、すぐに駆けつけて来たのだ。彼女は毎日のようにクリスチャンに会いに来てくれた。きゃしゃな彼女を、クリスチャンが誤ってケガさせてしまうのではないかと心配したが、ユニティーはとてもうまく手なずけていた。それでも彼女は厚いコートを着て、フェルトの帽子を顔が隠れるほど深くかぶって身を守っていたものである。その帽子も数週間後には、クリスチャンに切り刻まれてしまったが……。

ユニティーはライオンに夢中だった。女優としてローマで仕事をしていたとき、それまで飼ったことなどないのに、ライオンを手に入れたくなったのだという。そしてローマの動物園に、アフリカからやって来たばかりの九カ月の雌ライオンを譲ってくれるように頼みこんだ。ユニティーにとってライオンは怖い存在ではなかったのである。ローラと名付けたその赤ちゃんライオンをなんとか手に入れて家に戻ると、ルームメイトは驚いて、二週間も自分の部屋にカギをかけ、閉じこもっていたという。ライオンを飼うことを許してくれる家主がなかなか見つからず、ローラと過ごした一年半の間に、家を転々としたようだった。イングランドに戻らなければならなくなったとき、ユニティーはナポリの近くに住んでいる友人に面倒を見てくれるようお願いしたという。ユニティーはクリスチャンに並々ならぬ愛情を持って接してくれたが、僕たちと比べてもっと大変な環境にいながら、なぜ彼女が、ローラと事故もない安全な生活を送ることができたのか、その理由がわかる気がした。

毎日、午後にユニティーがソフィストキャットを訪れると、クリスチャンはたいてい地下室にいて、プラスチックのバケツなどをけって遊んでいた。階段に足音がすると、クリスチャンは遊ぶのをやめ、誰が来たのか聞き耳を立てる。ユニティーが「クリスチャン、私よ」と声をかけると、低いうなり声をあげ（それがいつものあいさつだった）、カギのかかったドアに向かってジャンプを始める。ドアを開けたとき、クリスチャンが階段を勢いよく駆け上がらないように、ユニティーは彼にうしろに下がるように指示を出す。クリスチャンはドアのそばにいて、何も危ないことはしないとでも言うように、クーンとやさしい鳴き声をあげるが、ユニティーは「ダメよ。もっとうしろに下がりなさい」ときっぱりした口調でさとすのだった。それからしばらくして、クリスチャンのうなり声が少し遠くで聞こえたのを確認すると、ユニティーはドアを開け、中へ入る。するとクリスチャンまっすぐ彼女に駆け寄り、コートの上から抱きつくのだった。

クリスチャンがあまりにはしゃぎすぎ、「騒ぎすぎよ」とか「やめなさい」というユニティーの言葉を聞き入れないとき、彼女はこっそりと出口の方へ行き、立ち去ろうとする。するとクリスチャンはすぐにユニティーのそばにやって来て、甘い声を発するのだった。僕たちはよくユニティーが「本当にお行儀が悪いわね。おとなしくしていないと遊んであげないわよ。私はバケツじゃないんだから、そんなに激しくぶつかってこないでよ」と話している声を耳にしたものである。そうするとクリスチャンは反省したような、悲しげな声を出すのだった。いつもユニティーにしかられ、そして許してもらいながら、彼は礼儀正しさを身につけていったのである。そんなクリスチャンに対してユニティーは惜しみなく愛情を注ぎ、一緒に遊んだり、やさしい声をかけたりするのだった。

クリスチャンの大きな魅力の一つは、僕たち一人一人と親密な関係を築けるところだった。わずかな違いではあったが、それぞれに対して異なったあいさつ、異なった接し方をしていたのである。つまり一人一人の性格や特徴を正確に把握しており、どんな態度を取ればかわいがってもらえるか、よくわかっていたのだ。ユニティーはクリスチャンのありのままの姿を受け入れたし、僕たちと一緒に庭へ散歩に行ったり、地下室で毎日のように遊んだりしたことで、彼のことは何でも理解するようになっていた。動物にもそれぞれ性格があるものだが、ユニティーはクリスチャンの多彩な性格形成に大きく貢献してくれたと言えるだろう。

僕たちはクリスチャンに、精一杯の愛情と時間を捧げたけれど、これほど何かに熱心になったのは初めてだった。また、強い責任感を持ってクリスチャンを飼ったことで、それまで感じたことがない充実感も味わった。僕たちは常に彼と一緒に過ごしたし、夜に自分たちが外出するときは彼を地下室に入れておいたものの、ベッドに入る前には、どちらかが彼を連れ出し、店の周りを散歩させたものだ。店は日曜日が休みだったが、クリスチャンを退屈させないために、できるだけ外に連れて行くようにした。しかしロンドンにライオンを連れ出す最適な場所などほとんどない。ある日、ケンジントン公園へ行ったのだが、クリスチャンはそのあまりの広さに怯え、決して走りまわろうとはしなかった（もちろんリードはつけていたが）。また、物珍しさから多くの人が集まって来るので、その後、公園を散歩させるのは難しくなってしまった。

僕らはある孤児院へ電話をかけ、クリスチャンを連れて行くことを提案してみた。子供たちが喜んでくれるのではないかと考えたからだ。対応してくれた女性は最初のうちは戸惑っていたものの、安全を保証すると、訪問を許可してくれた。ただし、クリスチャンと子供たちがじかに接するのは避けた方がいいため、隔離する場所があるかとその女性に訊ねると、子供たちは施設の中にいて、そこから外にいるライオンを眺めるということで話がついた。

でもいざクリスチャンが訪ねてみると、子供たちは意外なことに、あまり興味を示してこなかった。最初のうちは、クリスチャンの方を眺める子供がいたものの、そのうちオモチャに夢中になってしまった。仕方ないので、クリスチャンを空いている部

アパートの階段で。ジョン（左）とエース（右）とクリスチャン。

ソフィストキャットの店内で。

キングスロードのキャセロール・レストランで
モデルのエマ・ブリーズと一緒にランチ。

上：ワールズエンドのトッズ美容室で、マークに身だしなみを整えてもらう。

左：ソフィストキャットのアパートで。

左：BBCラジオのプレゼンター、ジャック・デ・マニオからインタビューを受けるも、リスナーに向かって〝吠える〟ことはできなかった。

下：ビル・トラバースとバージニア・マッケンナを大胆なポーズでお出迎え。

ソフィストキャットの客をじっくりと観察。

モラビア教会の庭でかくれんぼ。

屋に入れ、僕たちがお茶を飲んでいると、イタズラ好きの子供がその部屋のドアを開けてしまい、クリスチャンが脱走してしまった。びっくりした子供たちは、大声を出してあちこちに逃げまわった。僕たちはそんな大騒ぎの中、困惑気味のライオンを連れて、ソフィストキャットへと帰ったのだった。

クリスチャンは僕たちと一緒に友人の家へもよく訪ねて行った。ある家では、クリスチャンがバスルームのドアを開けてしまったことがあった。入浴を邪魔された家人は当然、叫び声をあげたが、本当に驚いたのはその人か、それともクリスチャンなのか、よくわからない。また、チャールズ・ビーウィック、ピーター・ボーウェン、そしてピューマのマーゴが暮らす家にもよく行ったものである。クリスマスの日も、僕たちは別の友人のところへ招待されたのだが、クリスチャンは誘ってもらえなかったので、マーゴの家に預けたほどだった。

マーゴは美しいピューマだったが、何を考えているかよくわからず、一緒にいてもリラックスできなかった。そのうえ、田舎の豪邸に暮らしている。僕たちはマーゴとクリスチャンが友だちになることを期待していたが、同じネコ科でも、種類も性別も違ったし、年齢が一つ上のマーゴの方の警戒心が強く、うまくいかなかった。クリスチャンも、マーゴには無関心なようだった。ただしマーゴにしてみれば、クリスチャンは彼女の縄張りを脅かす存在にすぎなかったのだろう。同じ部屋に入れておくことは可能だったが、あるときクリスチャンがマーゴに近寄ろうとし、爪で引っかかれてしまったことがあった。そのためクリスチャンのやわらかい鼻にキズができてしまった。彼自身は気にしていないようだったが、僕たちは少しばかり心配になった。なぜなら、その次の日には、クリスチャンがテレビに出演することになっていたからである。

一九七〇年一月中旬、僕たちがクリスチャンを飼い始めて一カ月が経った頃、テムズ・テレビジョンがソフィストキャットにライオンがいることを聞きつけ、子供向け番組『マグパイ』に出てくれないかと依頼してきた。出演は数分だけということだったので、問題は起きないだろうと判断し、僕たちはその依頼を引き受け、テディントンにあったスタジオに車で向かった。楽しみだったが、クリスチャンがどんな行動を見せるかわからないので、不安でもあった。番組は生放送だったが、その前に何度かリハーサルをした。でもクリスチャンは明らかに居心地が悪そうで、少しかわいそうになってきた。スタジオの明るいライトがまぶしそうで、迫りくる何台ものカメラにも怯えているようだった。リードに長時間つながれていることにもいらだっており、怒っているというより、落ち着かない様子だった。僕たちは出演を引き受けたことを後悔し、沈んだ気持ちで、生放送が始まるのを待っていた。クリスチャンが何をするかは予想できなかった。僕たちはインタビューに答えながら、その間クリスチャンをちゃんとカメラに映させておくという段取りになっていた。一見成功したようだったが、スタジオ内でドンチャン騒ぎをしているように見えたのは、クリスチャンが逃げ出さないよう、みんなで格闘していたのである。

テレビに出る前、クリスチャンはいくつかの新聞で紹介された程度だった。だが彼は突如として有名になり、さまざまな取材を受けるようになった。ただし、ライオンを飼うことが思ったよりも難しくないことがわかると、マスコミの中には、がっかりした態度を見せる者もいた。新聞に載った写真はどれも、クリスチャンが歯をむき出しにしてあくびをしている姿をとらえたもので、当然のことながら、いい印象を与えるものではなかった。有名になったことはソフィストキャットにとってはよかったが、クリスチャンの本当の姿を伝えるには、写真を規制することも考えなければいけないと思うようになった。僕たちはクリスチャンがなついていたデレク・カッターニというカメラマンに頼んで、クリスチャンのロンドンでの生活を写真に残してもらうことにした。新聞社は、いい写真があれば、買ってもいいと言ってくれた。

クリスチャンをテレビのＣＭや宣伝活動に起用したいという話もあった。正直に打ち明ければ、クリスチャンを飼うにはお金がかかっていたので、その費用を捻出するために、彼にストレスを感じさせない範囲で、依頼を受けることにした。クリスチャンは外向的な性格だったし、〝アルバイト〟を楽しんでいるようだった。『ヴァニティーフェア』誌に掲載されるナイトガウンの広告用の写真撮影（テーマは〝ワイルドな夜〟だった）をしたこともあるが、これはただきれいな女性モデルとベッドに寝転んでいればいいだけの簡単な仕事だった。

クリスチャンは人間の髪をいじるのが大好きで、ボリュームたっぷりの女性モデルの髪は格好のターゲットだった。でも、びっくりしたモデルが、「私の顔は命より大事なのよ！」と大声をあげたので、クリスチャンは仕方なくヤギ皮のベッドカバーにかじりつき、サテン地の枕を二つばかり切り裂いた。

それから数カ月後、今度は英国海外航空（現在のブリティッシュ・エアウェイズ）からの依頼で、アフリカへの新ルート開設を記念したPR活動に呼ばれた。仕事は大きな反響を呼んで大成功。報酬は三〇ギニーで、早速彼の銀行に預けておいた。クリスチャンがこの銀行口座を開くときに使った写真は、その銀行の社内報に使われた（キャプションは「チェルシーのタフなお得意さま」）。これなら貸し越しを要求するとき、支店長を説き伏せるのは簡単であろう。新聞に掲載されるイースター用の写真も撮影した。六羽のひよこと一緒だったのだが、クリスチャンは終始紳士的な態度を見せ、撮影は〝犠牲者〟を出すことなく、無事に終了した。

生後七カ月が過ぎ、大人のライオンへと成長すると、クリスチャンは世間の注目をより大きく浴びるようになった。人間によくなついていることに多くの人はびっくりしていたし、ロンドン動物園や関係機関の専門家たちも、クリスチャンが従順なことに驚いているようだった。彼は目新しいものというよりも、〝二人のオーストラリア人〟を主人とするロンドンの人気者として知られるようになった。僕たちはアメリカやオーストラリアの新聞やテレビからも取材を受けるようになった。

また、BBCラジオの早朝番組『トゥデイ』のプレゼンター、ジャック・デ・マニオが電話をかけてきて、クリスチャンの〝インタビュー〟をしたいと申し込んできた。まずは事前にソフィストキャットでクリスチャンに会ってもらうことにした。僕たちは彼に、クリスチャンは気分が乗らなければ一言も発しない可能性があることも伝えた。その場合、インタビューは成立しないが、クリスチャンはまだ一度も吠えたことがなく、十分に起きうることだった。

翌朝六時三〇分、ソフィストキャットに番組から車が回され、僕たちはそれに乗ってラジオ局入りした。だが、入り口で守衛に止められてしまった。守衛は僕たちが引いているリードをちらっと見ると「ダメです。イヌの入館は禁じられていますので」と言った。「ライオンですよ」と僕たちは答えた。さすがにライオンが入館することまで想定しているラジオ局はないだろう。クリスチャンに気づき思わず後ずさりした守衛を尻目に、僕たちは建物の中へ入って行った。

クリスチャンはコードや配線など局にあるいろんな機材に興味を示した。また、スタジオの窓に張りついているたくさんの野次馬の顔を眺めながら、ライオンらしい声を出す素振りも見せたのだが、彼に代わって僕たちがインタビューに答えたのが影響したのか、翌日の『デイリーメール』紙には「恥ずかしがり屋のクリスチャン、ラジオ出演は大失敗」という見出しが踊った。

その日の午後、僕たちはBBCから不可解な電話を受けた。何の説明もなく、クリスチャンの価値はいくらだと思うかと訊かれた。けれど僕たちには、その質問に真剣に答える理由がなかった。数日後、『デイリーメール』紙のチャールズ・グレビルのコラムを読んで、何が起きたのかを知った。「お役所仕事に縛られたライオン」という見出しで、内容はこうだった。

ＢＢＣの規則では、局内に立ち入る動物には保険が掛けられることになっている。しかしちょっとした手違いにより、滑稽な事態が発生。お堅い官僚主義の結果、局を立ち去ったあとになって、ゲストに保険が掛けられたというのである。そして、その動物はスタジオ内でマニオをはじめとする出演者を朝食代わりに食べることはおろか、あくびさえしなかったというのに、ホストの側にまで保険が掛けられたらしい。恥ずかしがり屋のジャングルキングの値段？　飼い主は五〇〇ポンドと話している。

新聞社がひっきりなしに電話をかけてきて、ライオンやほかの野生動物が、どこかで人間を襲ったり殺したりしたことはないのかと訊いてきた。僕たちはクリスチャンがいかに行儀のいいライオンとして世間に知られているかを説いたものだった。それでも新聞は誤った情報をたくさん伝えたが、僕たちを非難する手紙はたった一通しか来なかった。一九七〇年四月にアメリカの新聞に記事が掲載されたあと、ある女性が辛辣《しんらつ》な内容の長い手紙を送ってきた。彼女は手紙の最後にこう書いていた。「彼に飽きたときはどう処分するつもりですか？　彼はもっと成長していくでしょうし、あなたたちの身勝手な行動に付き合わされた結果、より獰猛《どうもう》で危険な存在になることでしょう。あなた方は彼の爪と牙を抜き取ってしまったのです。彼を受け入れてくれる動物園はないでしょう。彼の悲惨な生活を終わらせ、眠りにつかせてあげなさい」。クリスチャンの牙を抜くなどという考えは僕たちにはなかったし、彼女はソフィストキャットにおける僕らの生活を誤解していた。ただしクリスチャンの将来ということに関しては、僕たちもこの女性と同様、心配しているところだった。

5　提　案

一九七〇年四月。八カ月になったクリスチャンは、身体も大きくなり、ソフィストキャットでの生活に退屈するようになっていた。毎日が同じことの繰り返しで、何に対しても、もはや新鮮さを感じなくなっているみたいだった。いつも座っていた階段のお気に入りの場所は窮屈になっており、店の家具にもすっかり飽きていた。そもそも体重は六〇キロ近くに増えており、ガラス製の窓を誤って割ってしまう危険性も十分にあった。クリスチャンにはもっと広い場所が必要になっていたが、僕たちにはそれを与えてやることができないでいた。もしクリスチャンが機嫌をそこねて暴れ出していたら、僕らにはどうすることもできなかっただろう。

また、以前は店のマスコットのような存在だったのだが、次第にお客さんをこわがらせるようになったのも事実だ。ある日、ジェームズ・ボンド役で知られる俳優のジョージ・レーゼンビーが店を訪ねてくれたのだが、彼でさえ、窓際にいるクリスチャンを見つけると、店に入るのをやめてしまったほどなのである。したがってクリスチャンは地下室で過ごす時間が多くなり、ストレスを感じるようになっていた。それは僕たちにとってもフラストレーションが溜まることであり、お互いが不満を抱えていたのだった。だが、僕たちにはクリスチャンに対する責任があったし、危険な事態は避けなければならなかった。だから何か起きてしまう前に手を打つ必要があった。

クリスチャンの未来は、最初から僕たちの手にかかっていたが、もう避けては通れない問題となっていた。ロングリート・サファリパークを再び訪れてみた。クリスチャンを買う前に考えていたように、イングランドでライオンが暮らすには、ここ以上にいい環境はなかったのだ。ただし今回は、僕たちのライオンに関する知識は大幅に増えていたし、ロングリートについていろいろと調べていくうちに、新たなことを発見するようになっていた。ロングリートはジミー・チッパーフィールドとの共同経営になっていたが、映画やテレビ撮影のために、動物を貸し出すサービスもおこなっていた。また、サファリパークで飼われているライオンの一部は、各地を巡業するサーカスにも参加させられているようだった。クリスチャンがサファリパーク内の群れの一団に加わり、自然の中で暮らしていける、商業目的には使われないという保証はなかった。したがって、クリスチャンをロングリート・サファリパークに預けるというのは、僕たちにとって納得できることではないとの考えに至ったのだった。

かといって動物園に送ってしまうのは、僕たちの間の信頼関係をそこなうことであり、僕たち自身にとってはもちろん、クリスチャンにとっても受け入れられない選択肢だった。広大な敷地を所有し、僕たちと同じようなやり方でクリスチャンを飼ってくれる人がいないか探してみることにした。同時にまた、私営の動物園にもいくつかあたってみた。でも、都会にあるものと違って環境は問題なかったのだが、運営の方法が動物をただ拘束しようとするアマチュア的なものだったため、そこに預けようという気持ちにはなれなかった。

ある日、俳優のビル・トラバースと妻で女優のバージニア・マッケンナがソフィストキャットを訪れてくれた。二人は一九六六年に制作された映画『野生のエルザ』で共演し、その映画は原作と同様に大ヒットしたものの、僕たちは二人とも観たことがなかった。映画でライオンと接したことで、彼らはソフィストキャットに来てくれたのだろうと思ったが、ただマツ材のデスクを買うために、立ち寄ったみたいだった。それでも僕たちは彼らにクリスチャンを紹介する気持ちを抑えられなかった。アンティークショップにライオンがいるなんて、さすがに予想外のことだったようで、二人はびっくりしていた。クリスチャンとの日々の生活について詳しく話をし、将来について悩んでいると言うと、彼らは理解を示してくれた。ただ、ハロッズのケージからクリスチャンを〝救い出した〟ことは素晴らしいが、外来動物の売買には賛成できないとのことだった。『野生のエルザ』への出演をきっかけに、彼らは動物保護のドキュメンタリー番組の制作に力を注ぐようになっていた。ビルとバージニアは、ライオンに関して僕たちよりも広い知識を持っていたので、いろんな質問をした。店をあとにするとき、またクリスチャンに会いに来ると言ってくれたときは、嬉しく思ったものである。

数日後、ビルは『野生のエルザ』の監督を務めたジェームズ・ヒルと一緒にソフィストキャットを訪れてくれた。なぜジェームズがやって来て、クリスチャンについていろいろと質問してくるのか、よくわからなかった。僕たちは、ロンドン南部のドーキングに近いリースヒルにあるビルの家で、一緒にディナーを食べないかと誘われた。ビルは、子供の頃から人間に監禁されていたライオンについて撮ったドキュメンタリーも一緒に見ようと言ってくれた。

映画スターとディナーをともにすると思っただけで、僕たちはワクワクした。ワールズエンドの若者にはまず縁のないことだったが、僕たちはジェームズ・ヒルのロールス・ロイスに乗って、ビルを訪ねた。ディナーのあと、『野生のエルザ』に関わったライオンのその後を追った『自由になったライオン（*The Lions Are Free*）』を鑑賞した。ライオンは全部で二四頭いたのだが、ジョイ、ジョージ、ビル、バージニアの努力も空しく、野生の生活に戻ることができたのは三頭だけだった。『自由になったライオン』は、ジョージが野生に戻すことに成功した三頭のライオンをビルが訪ねるというものだった。ライオンたちは三年もビルに会っていなかったのに、彼のことを覚えており、感動的な再会を果たしたのだった。

『自由になったライオン』は、バージニアがホイップスネイド動物園にいるリトル・エルザ（『野生のエルザ』の撮影中にとくに仲良くなった雌ライオン）を訪れるシーンで終わっていた。バージニアがリトル・エルザの名前を呼ぶと、すぐにそばまで駆け寄って来た。だが、リトル・エルザは大きなケージの中にいるため、以前のように、直接抱き合うことはできない。クリスチャンと僕たちの間にも同じことが起きるのは明らかだった。何週間かのちには、彼をリトル・エルザと同じような運命に追いやらなければならないのだろう。僕たちの気持ちを察したのか、ビルが笑顔でこう言った。

「クリスチャンの将来をなんとかできないか動いてみるよ。アフリカへ連れて行くことができれば、ジョージ・アダムソンの手を借りて、野生に戻すことができるんじゃないかと思うんだ」

突然、禁固判決の無効を知らされたような気分になった。ヨーロッパには多くのライオンがいただろうが、その中でクリスチャンは例外的な救済措置を受けることになったのである。本来いるべき場所に帰ることができるのだ。ビルは最初にソフィストキャットでクリスチャンと会ってから、すぐにケニアのジョージ・アダムソンと連絡を取ってくれていたようだ。ジョージは、イングランドにいるライオンをアフリカの自然へ戻すという実験的な試みにとても前向きだったし、必ずうまくいくと確信しているようだった。ビルとジェームズはテレビ用のドキュメンタリーを制作することも考えていた。それにより、クリスチャンの移送費などの莫大な費用がまかなえるのだった。

ビルとバージニアの提案に反対する理由はなかった。だが、クリスチャンは自然とはかけ離れた生活を送ってきたし、もう野生には戻れないのではないかという心配はあった。それでもジョージはビルに対して、クリスチャンはまだ幼いし、野生の本能は失っていないはずだと断言していた。人間の手で作るライオンの群れの中に、クリスチャンを放すというのがジョージの考えのようだった。僕たちはクリスチャンと一緒にケニアまで行き、彼が新しい生活に馴染めるかどうか見守る予定だった。ジョージはライオンたちとともに生活し、彼らが縄張りを築き、群れを形成する手助けをすることになっていた。

僕たちは、クリスチャンが野生に戻った場合、それほど長くは生きられないだろうということに気がついた。ライオンは動物園で暮らした場合、平均で一八年から二〇年は生きるが、野生では寿命が一二年から一五年に縮まるようなのだ。自然では、縄張り争いをしなければならないし、旱魃《かんばつ》が起きれば食べ物は減る。つまり弱肉強食の世界なのである。ライオンはバッファローのような大きな獲物を襲うことがあるが、効果的に仕留められなかった場合、ケガをしたり、自らが命を落としたりする危険性もある。ロンドンで〝優雅な〟生活を送ったクリスチャンは、最初からハンデを背負うことになるだろう。ただし、監禁状態の退屈な生活から逃れることはできる。自然の中で、思いきり自由を満喫できるのだ。

ロンドンへの帰り道、僕たちは人生では何が起きるかわからないと興奮気味に話したものだ。ハロッズで別の人に買われていたら、クリスチャンはどうなっていただろう？　ソフィストキャットにビルとバーニジアが立ち寄ってくれなかったら？　まったくの偶然から、彼らはクリスチャンの将来を支援してくれることになった。クリスチャンを飼うことによって、僕たちの人生は大きく変わったし、クリスチャン自身の運命も思わぬ方向へ進もうとしていた。感謝すべきことだ。もしクリスチャンがずっと監禁状態で過ごすことになっていたら、僕たちは大きな後悔をしていただろう。それがいまは、ジョージ・アダムソンのおかげで、クリスチャンの今後の問題が解決されようとしていた。ロンドンに帰った夜、クリスチャンは初めて、ライオンらしい、うなり声をあげた。それは未熟なものだったが、ライオンとわかるうなり声だった。僕たちはそれを聞いて、とても誇らしい気分になった。

6 ワールズエンドのライオン

ビル・トラバースはケニアへ飛び、すでに始まっていた政府との交渉をバックアップした。彼はこの前代未聞のプロジェクトが認可されることに自信を持っていたものの、事態は思ったよりも複雑な様相を見せてきた。基本的に、ドキュメンタリー番組を作ることには問題がなかった。ケニアにとってはいい宣伝活動になるし、国の主な財政資源である観光業にとっても好都合だった。その一方で、多くのアフリカの政府の間で、動物保護に関する意識が高まっていたのも事実である。限りある資源と生息環境の中で、人間と野生生物がいかに共存していくかという問題にも、大きな注目が集まるようになっていた。ケニア政府はまた、ジョージ・アダムソンがどのようにしてライオンを自然に戻すのか、その方法を記録すること、とくに今回はライオンをイングランドからアフリカに移送するため、そのユニークな実験の科学的な調査という点にも興味を持っていた。

しかしながら、ケニアではその前年に、ライオンを自然に戻す活動について、大きな論争が巻き起こっていた。子供が一人、ジョージ・アダムソンの管理している動物によってケガをしてしまっており、この事件が僕たちのプロジェクトの交渉のネックとなっていた。政府の中には、動物を自然へ戻すことは有意義だと考えている人もいたが、その一方で、人間の手によって育てられたために、たとえば自然保護公園に放されたライオンはかえって人間に接してこようとするので、危険な状況になってしまうと主張する人もいた。多くの人にとってライオンは恐ろしい存在であり、アフリカの人たちにとっては、昔から敵対関係にあった。そのようなライオンをなぜわざわざイングランドから連れて来なければいけないのか、という声があがるのは当然と言えば当然だった。

それでもケニア政府は最終的に、適切な生息地が見つかった場合という条件付きで、クリスチャンの移送を許可した。ライオンの適切な生息地というのは、まず食料となる獲物と水があり、観光客が立ち寄ったり、近いうちに観光地として開発されたりしない地域のことだった。また、禁猟区であり、簡単にライオンの犠牲になってしまう住民や家畜がいないことも条件だった。ビルはケニア滞在中にいくつかの場所を調査したものの、条件に合うところが見つけられず、引き続きジョージに調査の継続を依頼した。

僕たちのもとへは数週間、ビルからもバージニアからも連絡はなかった。かといって、ケニアにクリスチャンが住むところは見つからなかったと言われるのが怖くて、こちらから電話もできなかった。ようやくビルが電話をくれ、連絡が遅くなった理由を説明してくれた。ジョージが適切な地域を二つほど探し出し、ケニア政府がそのどちらかの地域について許可をくれそうだということだった。

ビルはその次の月曜日からソフィストキャットで撮影を開始できると考えていたようだった。ドキュメンタリーは『ワールズエンドのライオン』というタイトルになる予定で、監督はジェームズ・ヒルだった。ビルとバージニアが初めてクリスチャンと会うところの再現シーンから始まり、あとは起きたことを順番に記録していくことになっていた。このドキュメンタリーにより、動物保護の必要性について一般の人たちの認識が高まっていくことが期待されたが、その主役であり最大の恩恵を受けるのが、強運に恵まれたクリスチャンなのだった。

僕たちは興奮すると同時に不安な気持ちも抱いていた。テレビの子供番組に出演して以降、カメラを向けられたクリスチャンがどんな行動に出るか、まったく予想できなかった。また、今回のドキュメンタリー番組に僕たち自身がどの程度出演するかもわかっていなかった。大胆なことは考えていなかったが、「動物と子供には逆らうな」という演劇の原則を破ることも辞さないという程度の野心はもっていた。

ビルとジェームズからは、撮影だからと言って、ソフィストキャットが特別なことをする必要はないとの指示を受けた。ただし、僕たちは髪を切ってはいけなかったし、キングスロードの住民らしく、なるべく派手な服装をするようにと言われた（それはいま振り返ると、後悔しているのだが……）。それでも店は一日か二日は休業するわけだし、オーナーのためにも、店をなるべく格好よく見せてはどうかと考えた。そこで日曜日に壁と床のペンキを塗り替えることにした。自分たちで言うのも変だが、出来映えは想像以上に素晴らしいものだった。クリスチャンは床のペンキが乾くまで、地下室から出さないようにしていた。だが、最後の壁を白く塗っていたとき、クリスチャンがペンキの缶をひっくり返してしまった。彼自身もびっくりしたようで、うしろへ飛びのいたあと、足をすべらせて、こけてしまった。僕たちはあぜんとした。黒塗りの床にクリスチャンがつけた白い足あとが残ったことにもがっかりしたが、翌朝には、彼はテレビカメラに映ることになっていたのに、ライオンと一目で判断できないほど、身体が真っ白になってしまったからだ。結局その日は、夜遅くまで、僕たちの一人が床を塗り直し、もう一人が地下室で、クリスチャンの身体をきれいにする羽目になった。クリスチャン自身は、タオルでゴシゴシされることが、何か新しい遊びだと勘違いしているようだったが。

翌日、ソフィストキャットに撮影機材が運び込まれた。クリスチャンは、明るい照明、見慣れない機器、多くのカメラマンなどに当惑していたようで、いつになくおとなしくしており、スタッフを困らせることがほとんどなかった。動物の撮影に慣れているビルとジェームズは、忍耐強さを忘れず、多くのことは要求しなかった。ソフィストキャットのいつもの生活に退屈していたクリスチャンは楽しい一日を過ごしたようで、撮影にも協力的だった。ビルは「NGなしのライオンだ」とほめたたえた。僕たちもドキュメンタリーにフル出演することになったのが、カメラを向けられても、とくに緊張はしなかった。クリスチャンのことが気になり、それどころではなかったのである。ただ、僕たちの英語があまりにブリティッシュ訛りが強いということで、典型的なオーストラリア訛りの声に吹き替えられてしまったのは、いささか残念だった。

その翌日の撮影は、モラビア教会の庭でおこなわれた。でもクリスチャンは、ふだんは誰もいない庭に大勢の人がいることに腹を立てているのか、とても機嫌が悪かった。おそらく縄張りを守ろうとする本能が働いたのだろう。いつもは追いかけまわすサッカーボールにも、まったく興味を示さない。ビルとジェームズはスローモーションの撮影を試みた。なんとかクリスチャンを走らせることには成功したものの、スローモーションカメラが立てる大きな撮影音が聞こえると、すぐに走るのをやめてしまうのだった。そこで僕たちは最後の手段に訴えることにした。それまで禁止してきた、僕たちを追いかける行為を許すことにしたのである。クリスチャンは大喜びで走りまわった。僕らの服はかまれてビリビリに裂けてしまったものの、最高のシーンが撮影できたのだった。

それから数日後、二日間かけておこなわれた撮影のテストフィルムを見た。クリスチャンはとてもハンサムに映っていて、走ったり遊んだりしているシーンのスローモーションのシークエンスは、感動的だった。僕たちだけでなく、ビルやバージニアにとっても、ライオンがスローモーションで動いているところを見るのは初めてのようだった。僕たちは、クリスチャンのライオンとしての力強さ、しなやかさ、バランスの取れた動きというものを目の当たりにした。

モラビア教会の庭を訪れるのはこれで最後になりそうだった。牧師さんから、クリスチャンのことはとても気に入っているものの、庭を貸すのは残念ながらもう難しいと言われたのである。庭にはほかの人も入って来る可能性があるし、その場合の安全性を優先させなければならないとのことだった。以前、クリスチャンが牧師さんの車の屋根に上がったまま下りようとしないことがあったが、それも影響しているかもしれない。それでも数週間のうちにはケニアに行く予定だと話すと、それまでの期間、朝の六時三〇分からであれば庭を使うことをなんとか許してくれた。僕たちは生活習慣を大幅に変える必要があったが、それはクリスチャンの生活がますます単調になることを意味していた。彼はずっと午後の散歩で気分転換をしていたのだ。外に出かけるのが早朝だけになると、一日の生活はかなり退屈になるに違いなかった。

そんなとき、ビルとバージニアがリースヒルにある彼らの家の庭にケージを作ってもいいと言ってくれた。ケニアに出発するまでの間、そこで一緒に暮らせばいいとのことだった。ケージが完成すると、クリスチャンはキングスロード、そしてロンドンの地を永遠に離れることになった。ワールズエンドのたくさんの友人たちが、彼にお別れを言うために集まってくれた。僕らは、何か事故が起きないかとビクビクしながら毎日を過ごしたものだが、いまや楽しい思い出だけを残して去ることになり、安心していた。もちろん寂しさはあった。クリスチャンと暮らした、ロンドンでの楽しい五カ月間が終わってしまうのだから。

7　リースヒルでの生活

リースヒルのビルとバージニアの家は、美しい、広大な庭に囲まれており、ロンドンから五〇キロほどしか離れていなかったが、周囲には手つかずの自然が豊富に残っていた。僕らが着いたときには、安全のため、子供たちとイヌには家の中に入ってもらった。クリスチャンは、アフリカで満喫できるであろう自由の一端をこの地で楽しみ、彼の生涯で初めて、思いきり羽を伸ばすことができたのだった。芝生の上をかけずりまわり、ときおりスイセンの花の匂いを嗅ぎながら、さらに森の中を元気よく走りまわっていた。彼は野生のライオンが味わうよりもぜいたくで、美しい自然を堪能し、ときおり僕たちのところへ戻って来ては、とても満足していることを態度で示すのだった。

クリスチャンは基本的にはケージの中で過ごしたが、不満はまったくないようだった。ケージは縦二二メートル、横一五メートルほどの大きさで、その中には大きな木が一本と数本の低木が植えられ、カラフルな色のキャラバンが設置された。興奮していたクリスチャンはまず木によじ登ろうとしたが、なにしろ初めての経験だったので、登ったあとどうやって向きを変えたらいいかわからず、ただ困惑し、僕たちの助けを待っていた。ビルはクリスチャンが低木の下で眠るだろうと考えていたようだが、僕たちはキャラバンの中で眠るに違いないと思っていた。僕たちはケージの横に別のキャラバンを置き、その中で生活した。季節は春で、天候もよく、ロンドンに比べて、とても静かな時間が流れていた。

リースヒルに到着した夜、僕たちはクリスチャンを〝売却〟することに合意し、『ワールズエンドのライオン』の制作会社と契約を交わした。プロジェクトにかかる費用は莫大だった。僕たちもドキュメンタリーの制作に協力することになっていたが、クリスチャンの所有権を制作会社に譲り渡す必要があった。僕たちはクリスチャンの将来に関するすべての法的権利を放棄した。契約金として五〇〇ポンドを受け取ったが、すべてはクリスチャンのために必要な手続きだと考えていた。でも罪悪感はあったし、クリスチャンが制作会社の単なる所有物ではなく、ケニア市民になればいいのにと思ったものだった。

クリスチャンはやはりキャラバンの中で眠った。翌朝は大げさなほど愛想のいいあいさつをしてくれた。僕たちが彼を見捨て、ロンドンに帰っていないことに安心したのだろう。環境の変化は気にしていないようだったし、僕たちは書類上もう彼の飼い主ではなかったけれど、もちろんそんなことは彼には関係なかった。

リースヒルには数週間だけ滞在する予定だったが、ジョージは彼とケニア政府を納得させるだけの生息地域をまだ見つけられずにいた（最初に彼が提案した二つの地域は認可されなかった）。僕たちはクリスチャンがアフリカに行けないのではないかと心配していたが、条件に合う場所が見つかったとしても、それが荒涼とした、もの寂しい場所だったらどうしよう、という不安もあった。僕たちはいつでもリースヒルを離れられる準備をして、連絡を待った。しかし月日は流れるばかりだった。ただ、天候のいい日が続いたので、本を読んだり、日光浴をしたり、クリスチャンやリースヒルを訪ねてくれた友人たちと遊んだりしながら、リラックスした時間を過ごしていた。それでも僕たちは基本的に都会生活を好む方だったし、どちらか一方が数日間はロンドンへ戻るときもあった。

これは予想外のことだったが、リースヒルでの生活は、クリスチャンにプラスの効果をもたらしたようだった。以前と比べ、何かと規制されることがなく、のびのびと暮らせたし、明確な縄張りを持てたことも、彼に安心感を与えたようだった。彼は初めて一日の自然のサイクルというものを体験したのである。キャラバンの中で眠るのは、ロンドンでの生活の名残りと言えよう。暑い日が続いたせいで、日中はおとなしくしていたものの、日が落ちると、活発に動きまわった。ソフィストキャットで暮らしていた頃は、午後八時三〇分には眠らせていたので気づかなかったが、ライオンは本来、夜行性の動物だったのだ。

僕たちはなるべくケージの中でクリスチャンと一緒に過ごすようにしたが、少しでも僕たちがいなくなると、彼は不満そうだった。それでも僕たちがケージの中へ入っても無視することがよくあったし、一緒に遊ぶ気にならなくても、ただ僕たちがそばにいることに満足しているようだった。また、ケージにはゲートを二つ設けていたので、出入りをするのは簡単で安全だった。

ビルとバーニジアには三人の子供がいて、イヌを数匹飼っていたが、クリスチャンはケージの中から、彼らが遊んでいる様子を興味深そうに眺めていたものである。自分も仲間に入れてほしいと考えていたのだろう。ソフィストキャットに住んでいた頃は、地下室にいれば、店の中で何が起きていても知らずにいることができた。だがリースヒルでは、彼の周りには高さ三・六メートルの鉄のフェンスが張り巡らされているだけで、その外で楽しげに遊んでいる子供たちやイヌの姿が目に入ってしまうのだ。僕たちがいないとき、イライラしながらフェンスのそばを歩いていたようで、すぐにそれに沿って小道ができてしまった。以前は店の地下室で同じような動きをしていたのかもしれない。クリスチャンとイヌたちは、最初はお互いに好奇心を持っていたようだが、すぐに飽きてしまったようである。でもイヌがフェンスに近寄って来ると、クリスチャンは耳を平らにし、身をかがめ、〝戦闘態勢〟に入った。自分ではこっそりやっているつもりなのだろうが、興奮してシッポが揺れていることには気づいていない。そしてフェンスへ向かって突進し、イヌをびっくりさせて追い払うのである。このような行動を見ると、野生の本能は失っていないというジョージの主張は間違っていないのだろうと思うのだった。

僕たちは自分たちなりに、クリスチャンのアフリカ行きに関して、準備をしておくことにした。ロングリート・サファリパークや動物園にいるほかのライオンと比べ、クリスチャンは年齢の割には、身体が大きい方だったが、新しい環境に適応できるだけの力強さが必要だった。コンスタントに身体を動かしたことと、アウトドアでの生活を始めたことで、彼は以前にも増して健康的になり、身体も頭や足の大きさに合わせるように順調に育っていった。ケージの中の木に、わらを詰めた袋をつり下げていたのだが、クリスチャンはそれで遊ぶのが大好きだった。これはケニアでの生活に役立ちそうだったし、筋肉を鍛えるためにも有効だった。長さ二センチ強の鋭い爪は、ライオンにとって重要な武器であり（僕たちと遊ぶときはそれをしまうことを忘れなかった）、木につるした袋を攻撃することで爪は研ぎすまされたし、効果的な使い方を学ぶことにもつながったはずだった。

食事の内容も変えた。野生のライオンは基本的に夜に狩りをし、さまざまな種類のものを食べる。クリスチャンには、朝にミルクを少しとベビーフードを与えたあと、夜に大量の食事をさせることにした。生肉のほか、乾燥肉、ニンジン、ウシのレバー、ときにはウシの頭や胃袋を与えることもあった。クリスチャンがリースヒルにいることは公表されていなかったので、注文の内容に当惑した地元の肉屋からは、「君たちは一体何を飼っているんだ？　ワニか？」と訊かれたこともあった。ただし、僕たちがビルとバーニジアのところに住んでいるのは知っていたので、ライオンを飼っているんだろうとは思っていたかもしれない。

食事を変えたことで、クリスチャンの毛並みは変化し、よりぶ厚く、やわらかくなり、色もライオン独特の美しいキャラメル色になった。部分的に黒くなっているたてがみも立派になり、ますますハンサムなライオンへと成長した。身づくろいに費やす時間が増えたが、ネコのように潔癖性になることはなかった。舌はとてもザラザラしており、彼に顔を舐められると、真っ赤になるほどだった。乳歯はすべて生え変わり、キャラバンについているハシゴをガリガリとかんで、新しく揃った永久歯に磨きをかけていた。

クリスチャンはリースヒルでのびのびと暮らしていた。また、一緒に過ごす時間が増え、都会の生活で経験するいろんな拘束がなくなったことにより、僕たちとクリスチャンは以前にも増してより深い絆で結ばれるようになった。ユニティーは週に数回はロンドンから訪ねてくれたし、いつもクリスチャンに楽しい遊びを教えてくれた。クリスチャンはとくに〝手押し車〟（口絵参照）がお気に入りで、バランスを崩し、人をよくつまずかせたものである。いろんなオモチャも持っていたし、タイヤもあった。低木を使ってかくれんぼをすることもあった。彼はすべてに満足しているようだったし、僕たちも楽しい時間を過ごした。身体のサイズの割には、クリスチャンは僕たちにやさしく接してくれたし、こっちとしても一緒に遊びやすかった。リースヒルに来る人がケージの中に入っても安全だったが、子供は例外で、何かの拍子で、転んでしまうこともあったため、注意しなければならなかった。だが、〝手押し車〟が大好きなライオンは、ユーモアのほかに、人間に対する愛情も持ち合わせていたのだった。

ただときには、とくに天候が悪いと、クリスチャンの野生の部分が頭をもたげてくるようで、そんな場合は、なるべくケージに近寄らないようにしていた。また、僕たちが彼のもとを去ろうとすると、こちらに向かってジャンプをし、大きな前足でもたれかかってきて、一人にされるのを嫌がった。そんなときは思わず手を上げてしまうのだが、ほかにライオンを制止させる方法はなく、仕方がなかった。ただクリスチャンは聞き分けがよかったため、僕たちにもたれかかってきても、痛い思いをするのは結局自分なのだということをすぐに理解してくれた。言いつけには素直に従うのが一番ということをよくわかっていたのである。

僕たちはクリスチャンをまだ本当に幼いときに購入し、それから数カ月をかけ、お互いに良好な関係を築いた。ビルとバージニアは映画『野生のエルザ』で、多くのライオンと共演したわけだが、彼らの勇気には感心した。なぜなら彼らは、僕たちとクリスチャンの場合と違い、ライオンたちとじっくり関係を築いていく時間などなかったはずだからである。クリスチャンはすぐにアフリカへ行く予定になっていたので、ビルとバージニアが彼と仲良しになってもあまり意味はないように思われたものの、二人はよくケージまでやって来て、クリスチャンをかわいがってくれたものだ。二人はライオンと身近に接してきた経験があったため、扱いもうまかった。

ドキュメンタリーの制作については、クリスチャンが野生に戻るための出発点という意味で、リースヒルでの生活から撮影が始まっていた。クリスチャンは監督のジェームズ・ヒルが大のお気に入りのようだった。僕たちはクリスチャンが愛情から彼に飛びかかっていこうとするのをしばしば止めにかかったが、ジェームズは別に怖くはない、ただ「新しいズボンがボロボロになるのはごめんだね」と言っていたものである。それでもやはり撮影のたびに新しくズボンをはき替える羽目になったため、最後にはケージの外から、指示を出すようになっていた。

あるときビルが、クリスチャンをイングランドのビーチへ連れて行きたいと言い出した。でも僕たちは気乗りしなかった。朝三時に起きなければならなかったし、往復およそ一〇〇キロもの道中、クリスチャンの世話をするのは、僕たちだったからだ。クリスチャンはもうふつうの車には乗れないほど大きくなっていたので、ビルとバージニアが所有するキャンピングカーを借りることにした。イングランドの海に行くのは、クリスチャンにとっても僕たちにとっても、初めてのことだった。ひと気がなく、もの寂しい雰囲気の海だったが、美しい夜明けに立ち会うことができ、その中をクリスチャンと一緒にビーチを走るきれいなシーンも撮影できた。クリスチャンは水に濡れるのは嫌がったものの、外で思いきり遊べたことには満足しているようだった。ただし、カメラをセットするたびに、リードにつながれて待っていなければならず、それにはうんざりしているようだった。クリスチャンほどのサイズに成長したライオンに多くのストレスを与えるのは危険だったため、適当なところで切り上げることにした。その後、ビーチにやって来た人は、砂浜に残った大きな足あとを見て、びっくりしたに違いない。

クリスチャンがリースヒルへやって来て二カ月半が経ったが、そろそろここでの生活にも飽きているようだった。それは僕たちも同じだった。ケージの中においたキャラバンは、日ごとに小さくなっていくように感じられた。雨が何日も続くときがあり、僕たちの気分を暗くさせた。クリスチャンは、ソフィストキャットでの最後の数週間の頃のように、またフラストレーションを溜めるようになっていた。ケージのフェンスによじ登るようになったので、安全のため、上からネットをかぶせた。逃走を防ぐというよりも自分たちの注意を喚起することが目的だった。

一九七〇年八月一二日、クリスチャンは一歳の誕生日を迎えた。ユニティーがひき肉で作ったバースデーケーキを用意してくれた。僕たちはその上にロウソクを一本立

S

ダン・シモンズ／酒井昭伸・嶋田洋一訳

定価945円

［18日発売］

JA975

数多の宿命を数奇に紡ぎあげた大河ロマン、未完のままここに最終巻！

見知らぬ明日

栗本 薫

グイン・サーガ130

ミロク教の野望の行方は？ スカール、イシュトヴァーン、リンダの動向は？ そしてグインの運命は？

定価420円［絶賛発売中］

JA976

〈S-Fマガジン〉創刊五〇周年記念

未踏の時代

日本SFを築いた男の回想録

福島正実

一九六〇年代。未踏の荒野にSFの歴史をつくりあげた福島正実の奮闘を描く感動の回想録　定価756円［絶賛発売中］

FT506

大絶賛！ ローカス賞受賞『クシエルの矢』続篇

クシエルの使徒

①深紅の衣

ジャクリーン・ケアリー／和爾桃子訳

国家転覆の陰謀を防いだフェードル。だが首謀者メリザンドは贈り物を残して消えた……　定価924円［18日発売］

FT507

魔法の国ザンス20

魔王とひとしずくの涙

ピアズ・アンソニイ／山田順子訳

魔王たちの策謀にはめられた魔王ザンスは、とてつもなく不利なゲームをするはめに。　定価1029円［絶賛発売中］

NV1209.1210

スウェーデンのスティーヴン・キングが放つ青春ヴァンパイア・ホラー

MORSE―モールス―（上・下）

ヨン・アイヴィデ・リンドクヴィスト／富永和子訳

隣に越してきた少女と友達になった少年。その直後、静かな田舎町に次々と奇怪な事件が！　定価各819円［18日発売］

M368-1

現役弁護士作家のデビュー作

完全なる沈黙

容疑者はなぜ黙秘を続けるのか。真実を追う人々を鮮やかに描き静かな感動を呼ぶ群像劇　定価1050円［絶賛発売中］

ててお祝いをした。クリスチャンはおいしそうに〝ケーキ〟をペロリとたいらげたが、僕たちは彼がケニアに行く日が早く訪れることを祈った。

8　クリスチャンの両親

クリスチャンのケニアまでの旅の準備をする必要があった。ナイロビまでの飛行は、長い旅路になる。搭乗するのは東アフリカ航空（当時）の飛行機だったが、規定により、クリスチャンは木箱に入れられ、加圧された貨物室で運ばれることになった。飛行時間は一一時間。だが、リースヒルから木箱に入るため、少なくとも一五時間は閉じ込められたままとなる。ビルは、航空会社と打ち合わせをしているとき、担当者からこう言われたそうである。「何かの間違いじゃないでしょうか、トラバースさん。イングランドからアフリカにライオンを空輸するんですよね。ニューカッスルに石炭を運ぶようなものですよ」（訳注／余計な骨折りをするという慣用句。ニューカッスルは石炭の産地として有名）

僕たちはクリスチャンを運ぶことについて問題がないか徹底的に調べ、動物商や動物園に電話をかけ、外来動物の安全な移送に関してアドバイスを求めた。だが、僕たちのプロジェクトを積極的に手助けしてくれる人はいなかった。今日における動物の移送は、以前と比べ、デリケートでていねいにおこなわれていると信じている。それでもなお、動物の健康が十分に配慮されないまま、世界各地で移送されているのが実情だろう。たとえば、オーストラリアの羊はひどいコンディションのもとで中東へ送られているようで、昔から非難の声が絶えない。

僕たちが話を聞いた中には、動物があまり動けないように小さい木箱を使うことを勧める人もいた。木箱が小さいほど、動物が動ける範囲も狭くなり、ケガをする心配がなくなるというのだった。僕たちはまた、ロンドン動物園のベテラン獣医で、当時パンダのチチを授精のためロンドンからモスクワへ移送したことで知られていた、オリバー・グラハム・ジョーンズにもアドバイスを求めた。クリスチャンの食事に鎮静剤を入れておくと、ストレスを最小限に抑えて運ぶことができるとのことだった。薬を使えば、移送中は眠ることになるだろうから、それもクリスチャンにとってはいいはずだと考えた。木箱に関しては結局、ふつうに座ることができ、身体の向きも変えられるだけの大きなものを注文した。片面には鉄格子、その反対側にはスライド式のパネルを取り付けた。クリスチャンがケガをしないように、木箱の表面が粗かったり、出っ張ったりしたところがないように気をつけた。

木箱が送られてくると、クリスチャンが早くそれに馴染めるように、ケージの中へ入れた。食事は木箱の中で食べさせたし、夜はその中で眠るように、キャラバンの出入り口を閉めた。また、一日のうち短い時間でもいいので、毎日必ずクリスチャンを木箱に入れ、実際の移送のときに苦痛にならないよう、慣れさせることにした。

東アフリカ航空では、クリスチャンをケニアまで運ぶのに、体重一ポンドにつき二ポンドが課金されることになっていた。僕たちは、クリスチャンの体重を計測するため、例の肉屋からはかりを借り、それをロープで木にぶら下げた。クリスチャンのおなかの下に空き袋を入れ、両端を持って彼を抱え上げ、はかりに吊るした。クリスチャンはただ、ぶらぶらと揺られることに身を任せていたが、楽しそうでもあった。体重は一六〇ポンド（約七二キロ）だった。ビルと一緒になって彼を持ち上げたのが、一苦労だったのも納得できる重さだ。そのほかには、獣医から健康証明書を発行してもらう必要があった。また、クリスチャンがアフリカで暮らしていくうえで免疫がないと思われる病気の予防接種も何種類か受けておいた。

僕たちはずっとデボン州のイルフラカム動物園にいるクリスチャンの両親に会いた

いと思っていたのだが、リースヒルの滞在が長くなっていたため、行ってみることにした。動物園自体は、当時イングランドの各地に存在していた、典型的なこぢんまりとしたものだった（その後、多くの動物園が閉鎖している）。イルフラカムは人気のリゾート地だったため、動物園の周囲には宿泊施設が充実していた。しかし動物園自体には、商業主義の安っぽい雰囲気が漂っており、狭い檻の中には、チンパンジー、ラマ、鳥類のほか、元気のないカンガルーまで暮らしていた。ライオンはやはり動物園の目玉で、クリスチャンの両親であるブッチとメアリーは、何かと制限の多い環境にいながら、とても健康そうに見えたし、威厳があった。空腹になれば狩りをする野生のライオンと違い、ブッチとメアリーには毎日定期的に食事が与えられた。夜中に吠えて、近隣の宿泊施設に泊まっている観光客に迷惑をかけないためだった。クリスチャンは、ハンサムで立派なたてがみを持つ、三歳の父親によく似ていた。ブッチとメアリーはおとなしいライオンだったが、小さなケージのセメントの床の上を絶え間なく動いていた。動物園のオーナーはどうやらこの二頭を五〇〇ポンドで売却するようだったが、クリスチャンと一緒にケニアに連れて行けないだろうかとビルに頼むのはさすがに気が引けてしまった。

動物園のオーナーにクリスチャンのきょうだいの所在を尋ねると、売却した動物商の名前を教えてくれた。この動物商に連絡を取ってみたが、一九六九年だけで五八頭の赤ちゃんライオンを売却しており、詳しい記録は残していないとのことだった。たしかサーカス団に売ったのではなかったかとの話だった。ハロッズでクリスチャンと一緒にいた、マルタという雌ライオンについては、不正な小切手を使って購入され、その後すぐに匿名の第三者に売られたようだった。以下の手紙は、一九六九年一二月二六日付けでロンドンのブリクストンにある刑務所からハロッズの仕入れ担当のロイ・ヘイズル宛に送られてきたものである。

拝啓

私があなたから購入した赤ちゃんライオンの所在をお尋ねになっていると聞きました。しかしどうか安心してください。暖房完備の小屋と広い庭がある、立派な家で暮らしているはずです。二人のお嬢さんがペットとして面倒を見ており、タマゴ一ダース、新鮮なミルク、たっぷりの肉など、最高級の食事が毎日与えられているとのことです。そこはある映画スターのお家なのです。ですから、何も心配することはありません。あなたと一緒に面倒を見ていた女性にも、最高の飼い主に恵まれているとお伝えください。あの赤ちゃんライオンをとてもかわいがっていたのをよく知っていますが、安心してもらって構いません。素晴らしい環境で暮らしています。

敬具

J・R・スタイルズ

この手紙などをもとにマルタの行方を追ってみたが、結局、彼女の所在はわからなかった。多くのイヌやネコの血統はわかっているものの、記録が残っていないため、ライオンのそれをたどっていくのがほとんど不可能だというのは、皮肉のようにも思える。今日では、残っている動物園が事実上大きな公立のものだけとなっているため、状況は大きく変わっているし、遺伝子プールの保護のためにも、それぞれの動物の個体の記録を正確に残すことが必要になってきているようである。

ブッチはロッテルダム動物園から買い取られており、エルザと血のつながりがあるかもしれなかった。アダムソン夫妻が一九五六年にケニアからロッテルダム動物園にエルザのきょうだいを送っているためだ。クリスチャンの家系は、囚われの身となった動物のまさに典型のようなものだったが、僕たちも彼をハロッズで購入したことにより、意識的ではないにせよ、その流れに手を貸したことになる。

僕たちはいやおうなく、クリスチャンの未来と両親の現在の生活を比較するようになった。クリスチャンには、セメントと鉄格子に囲まれた退屈な日々ではなく、自由が待っているのだった。動物と人間の両方がお互いに満足できるような動物園などあるだろうか。動物園は常に監視をおこない、一定の基準を保った運営をしていかなくてはならない。でも、だからと言って、動物園にただ反対するのも非現実的な気がする。今日の動物園は、絶滅危惧種の保存のために役立つ、科学的、遺伝的リサーチをしているからだ。そのおかげで、野生の個体がほとんど絶滅してしまったアラビアオリックス、南アフリカのシロサイ、ケニアやタンザニアのクロサイといった動物が救われてきたのも事実なのである。

僕らは、クリスチャンの存在により、動物全般に対する責任感というものを強く意識するようになった。ビルとバージニアは『野生のエルザ』の撮影でライオンたちと接したことが、その後の人生に大きな影響を与えたと話してくれた。僕たちはよく、野生生物の保全問題について話し合ったものである。最初はいかに人類が目先の利益しか追求してこなかったかに気づかされた。野生生物の保護は緊急の課題であり、水不足、生態系の悪化、深刻な地球温暖化などを含めた、生息環境と資源をめぐる人類と動物の共存は、避けては通れない問題となっている。とくに人類と自然環境との相互関係は重要で、総体的な解決策が求められていると言えるだろう。

リースヒルのキャラバンの中で話し合ううちに、僕たちは世界ナンバーワンの動物園を思い描いた。ほかのすべての動物園の模範となるような動物園を。各動物の専門家と一流の建築家およびデザイナーが協力し、動物たちに対してできるだけ自然に近い環境を作り出すようにし、動物の生態に関する最新の情報を発信する。人間にとっては観賞しやすく、動物にとっては健康的でストレスの少ない環境を用意するのである。その一方で、動物学者などを招いて講義をおこなうレクチャーホールや、野生生物のドキュメンタリーフィルムなどを流す映写室も設置する。ブックショップや図書館も併設したい。いわば動物の研究および情報の中心地となり、世界中の人たちに、飼育下にある動物の保護とケアに関するアドバイスをしていくのだ。

僕らはクリスチャンにとってより住みやすいケージ、つまり、より制限の少ない環境を作り出せないかと考えるようになった。なぜ多くの動物園は、実用的ではあるが、冷たくて素っ気ないセメントの床、変わり映えのしないケージの中に動物を閉じ込めるのだろうか？　安全に囲まれた通路を通って人間がケージの中央まで入り、その周りを動物が自由に動きまわるといったものが作れないのか？　そうすれば、少なくとも動物には、閉じ込められているという感覚はなくなるに違いない。いまでは、これらのアイデアの一部が、ケージのデザインを変更したり新しくしたりするさいの参考になっているようで、嬉しく思っている。動物の幸せというものが第一に考えられるようになった証拠だと言えるだろう。フランクフルト動物園はこの分野の最先端を走っており、シドニーのタロンガ動物園でも、まったく新しいケージがデザインされているところである。

ケニアへの出発日がなかなか決まらなかったため、どんどん成長していくクリスチャンにとって、以前に作った木箱は窮屈になってしまった。クリスチャンは木箱の中に入っているとき、ストレスから鉄格子を引っかくことがあり、肉球がこすれてしまっていた。新たにもっと大きな木箱を作るさい、格子をそれまでのように垂直ではなく、水平になるように注文した。そうすれば、クリスチャンが引っかいて、ケガをすることがなくなるのだ。木箱を作っている会社は、過去に動物園や動物商から多くの注文を受けていたが、そんな依頼は初めてだったという。でも僕たちにしてみれば、動物商がいかに無神経であるかがよくわかった一件だった。

リースヒルで暮らし始めて三カ月が経とうとしていた。僕たちはクリスチャンが野生に戻るのに最適な場所はもう見つからないのではないかと悲観的になっていた。なかなか連絡がないことに落ち込んでいたし、抑圧された生活にもいらだちを感じるようになっていた。スター気取りの感覚はすっかりどこかへ消えていたし、ドキュメンタリー番組で自分たちがどのように映っているかも心配になっていた。クリスチャンが、ビル・トラバースとバージニア・マッケンナが撮影した新たなドキュメンタリーの中の、ただの動物に埋没してしまうのではないかと不安に思うこともあった。クリスチャンの物語はほかに類を見ないものだ。このドキュメンタリーの主人公がクリスチャンであることは疑いようがない。僕たちはその中の出演者にすぎないのだ。

そんなことを思っていたときだった。ソフィストキャットでも同じような状況だったのだが、事態が限界に達しつつあると感じていたとき、クリスチャンの人生における新たなステージが突然開けたのだった。

ジョージ・アダムソンから連絡があり、クリスチャンは数日後にはイングランドを離れ、ケニアへ飛び立つことになった。

9　ケニアへの移送

一九七〇年八月二二日、午後三時三〇分。クリスチャンが使い慣れた木箱の中へと入っていく。もはや、慣れるための練習ではなかった。それまでのようにわずか数分間だけではなく、少なくとも一五時間は入り続けることになるのだった。降りしきる雨が、彼のイングランドにおける最後の思い出となった。鎮静剤を肉の中に混ぜて飲ませ、クリスチャンをトラックでヒースロー空港まで運んだ。ライオンに荷物は必要なかったし、リードももはやいらなかった。ユニティーがリースヒルまでお別れを言いに来てくれた。そしてクリスチャンに会うために必ずケニアにも行くわと約束してくれた。

ビルとバージニアが乗っている車のあとについてヒースローまで行く途中、クリスチャンは少し戸惑っているようではあったものの、怯えている様子はなかった。カメラクルーを乗せた車が、撮影許可を取っていなかったため、危険な道路横断および交通妨害により、警察に止められてしまった。だが、バージニアが、ライオンをアフリカまで移送しているところだと説明すると、警察は大目に見てくれた。

空港に到着すると、僕たちはそのまま車で駐機場内に入り、搭乗機の横に乗りつけた。クリスチャンが入っている木箱には、長時間の夜間フライトの防寒対策として、麻布が巻かれた。鎮静剤が効いているようで、群がってくる人たちや飛行機の騒音にもかかわらず、クリスチャンはおとなしくしていた。午後五時三〇分、クリスチャンが入った木箱がフォークリフトで貨物室へ積み込まれる。気持ちが高ぶると同時に、不安にもなった瞬間だった。僕たちは全員が、木箱に入れられたクリスチャンが死んでしまう可能性があることをよく理解していたのだ。

午後七時、ビル、撮影スタッフ、そして貨物室のクリスチャンとともに、僕たちはイングランドを出発した。途中、一時間後にパリに立ち寄る以外は、ケニアのジョモ・ケニアッタ空港までノンストップのフライト。僕たちは貨物室への出入りを許されたが、クリスチャンは落ち着いた様子で眠っており、安心した。鎮静剤をあらたに与える必要はないようだった。格子のすき間から肉を入れ、水を補給しておいた。まだこれから長い空の旅が待っているのだった。

ナイロビに到着したのは午前七時だった。アフリカでは、オーストラリアやカリフォルニアのように、照りつけるような陽射しが降り注いでいるのだろうと思っていたが、空はどんよりと曇っていた。雨季でないことは事前に調べておいたのだが、朝晩はかなり冷えることをチェックしていなかった。

空港に降り立ち、僕たちはクリスチャンが入った木箱が降ろされる様子を、気を揉みながら見守っていた。でも、彼はちゃんと生きていた！　長旅は終わったが、鎮静剤が切れていたため、ひどく興奮していた。ジョージ・アダムソンが、動物専用の輸送コンテナを準備して、迎えに来てくれていた。クリスチャンは木箱から元気に出て来て、僕らと抱擁を交わした。それを見たジョージは「ハンサムでフレンドリーなライオンだ」と言ってくれた。

クリスチャンはケガはしていなかったものの、かなり疲れているようで、足取りがぎこちなかった。目はぼんやりとしており、体毛もつやがなく、少しやせたようだった。それでも、とにかく僕たちは、移送の計画が大幅に遅れ、さまざまなストレスを感じながらも、無事にクリスチャンをケニアまで連れて来られたことが嬉しかった。クリスチャンはついに、囚われの身から解放されたのだった。

生後10カ月。リースヒルで。たてがみも立派になってきた。

上：親友のユニティー・ベビス・ジョーンズと一緒に〝手押し車〟に興じる。

右：リースヒルのキャラバンで。左からバージニア・マッケンナ、ビル・トラバース、クリスチャン、エース、ジョン。

上：リースヒルでジョンと戯れる。

左上：ジョンが歯に挟まった小枝を抜いてやる。

左下：リースヒルでリラックスする3人。

ヒースロー空港でクリスチャンが入った木箱をチェックするジョンとエース。

左上：クリスチャンが入った木箱をフォークリフトで貨物室へ積み込む。

左下：ナイロビ空港で。ジョージ・アダムソン、ビル・トラバース、エース、ジョンと一緒に。

EAST AFRICAN A

コラでの3人。

僕たちはジョージ・アダムソンにもようやく会うことができた。エルザを野生に戻すことに成功しており、世界中で一番ライオンに詳しい人物だった。クリスチャンも彼のもとで自然へ帰っていくのだ。ジョージは思っていたよりも小柄で、はつらつとした印象を受けた。白くなった髪の毛は短く切り、ヤギひげを生やし、サファリシャツを着ていた。口調は穏やかだったが、眼光は鋭く、僕たちをじっと観察しているようだった。実際ジョージは、クリスチャンにはすぐに信頼を置いたものの、僕たちに対してはそうではなかったと、自らこの本の序文で書いているのだ！　彼は数日が経ってようやく僕たちと打ち解けてくれたのだった。

ジョージは知的で面白い人物で、クリスチャンを野生へ戻すことに大きなやりがいを感じていると言ってくれた。クリスチャンが放される場所は、ナイロビから四五〇キロ北東に行ったガリッサ近郊のコラという地域だった。コラまでの最後の三〇キロは、低木地帯を抜けなければならなかったが、ジョージの弟のテレンス・アダムソンと地元の人たちが、道を切り開いてくれていた。ビルとジョージの話し合いの結果、コラまでは二行程に分けて行くことになった。僕たちのキャンプ地がまだ完成しておらず、急ぐ必要がなかったのと、そのほうがクリスチャンへの負担が軽くなると判断したからだった。

コラが選ばれたのは、誰も欲しがらない土地だったからである。ジョージによると、ケニアの中でも荒れ果てた土地で、地元の人も住みたがらないとのことだった。さらに伝染病を引き起こすツェツェバエが生息しており、雨季には立ち入りが難しくなるという。しかし、ライオンの群れにとっては（ジョージの管理のもとで形成され、そこへクリスチャンを放す予定だった）、豊富ではないにしろ、十分な数の獲物が期待できるらしかった。撮影会社は、この土地の独占使用料として、年間七五〇ポンドを支払った。

クリスチャンは二日間、空港内のコンテナの中で過ごすことになった。僕たちはナイロビ市内に滞在し、一日に数回、彼のもとを訪れ、食事を与えた。僕たちがいない間は、眠っているようだった。長旅で疲れきっていたのだろう。僕たちは地元の人たちの注目を集めたが、彼らの多くはライオンやその土地固有の動物を実際に見たことがないようだった。一九七〇年代初頭まで、自然保護公園を訪れることができたのは、観光客だけだったのである。クリスチャンがコンテナの出入り口に顔を見せるたびに、集まった見物客たちは、驚いて、後ずさりした。僕たちは空港のいろんな職員と話をしたが、彼らは、多額の費用をかけてイングランドからライオンを運んで来たことは、もちろん、僕たちが自然へ戻そうとしていることの意味がわからないようだった。

僕らはナイロビ国立公園に行ってみた。市内中心部から二五キロと離れておらず、遠くにはヒルトンホテルの建物がはっきりと見える場所だったにもかかわらず、豊富な自然に囲まれており、たくさんの動物が暮らしていた。ジョージにイングランドで撮ったクリスチャンのフィルムの一部を見せる機会があったのだが、ライオンが初めてスローモーションで撮影された姿にとても感動しているようだった。

空港で二日間過ごすと、クリスチャンは長旅の疲れからすっかり回復した。僕たちは何台かのランドローバーに別れてナイロビを離れた。クリスチャンはジョージが運転するランドローバーに乗ったが、落ち着かないのか、後部席と運転席とを仕切っている鉄柵に、鼻や額をこすりつけてきた。僕たちは何度も停まって、水を与えながら、彼をなだめたが、ジョージはクリスチャンを甘やかしすぎていると思ったに違いない。ジョージはまた、車を停めるたびに、クリスチャンを外に出すと、逃げ出す可能性があると言ってきたが、その心配をよそに、クリスチャンは出発のときにはちゃんと車に飛び乗ってきたのだった。

陽が高くなるにつれ、気温は上昇し、空気は乾燥して、景色は荒涼としてきた。ジョージからコラはもの寂しいところだと聞かされていたが、僕たちはいま自分たちの目でクリスチャンがこれから生きていく場所を目の当たりにしたのだった。その日は三〇〇キロほど進み、陽が暮れる前に、現地のスタッフが用意してくれた一時的なキャンプ地に到着した。僕たちはそこで二泊する予定になっていた。クリスチャンはグッタリと疲れており、彼のために作ったケージの中で休ませることにした。僕たちもその中に自分たちのベッドを入れ、一緒に寝ることにした。アフリカのジャングルで過ごす初めての夜だった。

クリスチャンは先に眠りについたが、僕たちは、昼間とは打って変わった涼しさと静寂に包まれた中、夕食を取った。青や赤の民族衣装を身にまとった現地の人たちが、三つのコースに分かれた、おいしいディナーを振る舞ってくれた。現実離れした雰囲気だったが、十分に楽しむことができた。

ジョージはリラックスした様子で、ファーストネームで呼び合おうと言ってくれ、クリスチャンと一緒に野生に戻る予定のライオンについて話してくれた。ナイバシャにはすでにカターニアとボーイという名前の二頭のライオンがいるとのことだった。カターニアはまだ生後四カ月の雌で、母親はすでに死んでしまっているようだった。ボーイは七歳の雄だったが、波瀾万丈の生涯を歩んでいた。ボーイはまだ赤ちゃんだった一九六三年、親に捨てられたか、はぐれたかしたところを、ナイロビ近郊に駐留していた近衛歩兵スコッツ連隊の軍曹によって、妹のガールと一緒に保護された。二頭のライオンはその後、軍曹の二人の娘によって大事に育てられ、連隊でもマスコットのようにかわいがられた。連隊が英国に帰還するとき、ボーイとガールも一緒に連れて行く計画があったものの、アダムソン夫妻の手によって、野生に戻されることになった。その前に、二頭は映画『野生のエルザ』に出演し、ガールがエルザを演じたのだった。映画に使われたライオンのほとんどは動物園やサーカスに売られたが、ジョイ、ジョージ、ビル、バージニアの反発を買って、当時は大きな物議を醸したという。一九六五年四月、ボーイとガールはジョージと一緒にメル国立公園へ移り住むことになった。無事に野生に戻すことには成功したが、一九六九年一〇月、ジョイがまったくの偶然から、おそらくバッファローに襲われ、ケガをしているボーイを発見した。ボーイはすぐに足にボルトを埋め込む手術を受け、九カ月にわたり、ジョージとジョイの看護を受けた。ビルがジョージにクリスチャンのことで連絡を取ったのはまさにこの頃であり、ボーイは再び野生に戻れるまでに回復していた。ジョージは僕たちのキャンプ地を離れ、ナイバシャにいるボーイとカターニアを迎えに行くことになっていた。

翌朝、クリスチャンは初めてアフリカの地を散歩した。首輪はもう必要なかった。僕たちはビルとジョージと一緒にクリスチャンのあとをついて行った。一帯はまさに不毛の地であり、イバラの茂みのほかは何もない。ロンドンのソフィストキャットにいたときは大きく見えたクリスチャンも、ここでは小さく見えた。とても暑く、クリスチャンはただやぶの中を歩き続けた。足にトゲが刺さっても、歯を使ってそれを取り除くことを本能的に知っているようだった。また、体毛の色が周囲の色に自然に溶け込み、保護色になっていることにも気がついた。彼はまさにいるべき場所にいるのだった。

水のない地域だったため、ほかに生き物は住んでいないだろうと思っていたのだが、大きな野性のウシが僕たちのキャンプ地に迷い込んだことがあった。群れからはぐれ、水や食料を求めていたのだ。クリスチャンはそのウシを見つけると、こっそりと忍び寄り、仕留めようとした。ウシは大きくて鋭い角を持っていたので、ジョージはクリスチャンを止めようとした。狩りの経験がないため、ケガをしてしまうことを心配したのである。でもクリスチャンは言うことを聞かない。そこでジョージはランドローバーに乗り、ウシを追い払った。クリスチャンはあとを追おうとしたが、僕たちが制止した。クリスチャンは大きなうなり声をあげたが、こんなに恐ろしく吠えたのは、僕らが知っている限り、彼の生涯で二度目のことだった。僕たちは怖くなってすぐにクリスチャンから手を放したが、そのときにはもうウシはいなくなっていた。クリスチャンはかなり興奮していたが、やがて落ち着きを取り戻した。

ジョージはクリスチャンが本能的に見せた狩猟能力というものに感心しているようだった。クリスチャンは風下に立ち、匂いによってウシが彼の存在に感づかないよう、正しい位置取りをしていたというのである。「野生生活に問題なく順応するだろう」とジョージは太鼓判を押してくれたが、僕たちもそれを聞き、まるで自分たちのことのように誇りに思ったものだった。

コラの最終キャンプ地までは残り一三〇キロほどだった。道はデコボコで、火山灰に覆われていたため、車をゆっくりと走らせなければならなかった。タナ川沿いのキャンプ地に近づくにつれ、土地はいくらか肥沃になり、荒れた感じもなくなってきたので安心した。ゾウ、ウォーターバック、キリンといった動物も目にするようになり、アフリカにいるんだという実感が湧いてきた。一枚の布だけを身にまとい、ネックレスとブレスレットで着飾った住民たちが暮らす村を通り抜けたが、西洋の文化に影響されず、昔からの生活を続けているアフリカ人に出会ったのはこれが初めてだった。

最後の三〇キロは、とくに砂地の河川敷を越えるときには、ランドローバーを四輪駆動に切り替えなければ前へ進めず、雨季にはなぜ立ち入ることが難しくなるかよくわかった。午後遅くになってキャンプ地に到着したが、思っていたよりも美しい景色が広がっていた。壮大なタナ川のほとりにはヤシの木が立ち並び、そこに僕たちが泊まるテントがすでに張られていた。クリスチャンの長い旅はようやく終了したが、僕たちは彼をアフリカまで連れて来たことがまだ信じられなかった。これからさまざまな試練が待ち構えているのは間違いない。ほかのライオンたちとともに、自然の中での生存競争にさらされるのである。

ジョージはナイバシャにライオンを迎えに行くため、数日間留守にした。僕たちはその間、少々ぜいたくな暮らしを満喫した。シャワーはお湯が出たし、テントは虫が入ってこない構造になっていて、とても快適だった。食事は支給され、洗濯やアイロンがけまでしてもらった。クリスチャンには、僕たちのテントのそばにケージが用意され、夜はそこで眠った。キャンプ地にいた現地の人たちはライオンを怖れていた。クリスチャンがふざけて彼らを驚かせることがあったため、一日中ケージの中に閉じ込めるときもあった。ただし、暑い日が続いたため、僕たちはみんなグッタリしていた。クリスチャンも陽射しを避け、僕たちのベッドの上でダラダラと過ごしていた。イングランドの涼しい気候を懐かしんでいたのかもしれない。

したがって、クリスチャンと散歩に出かけたのは、暑くなる前の早朝か、陽が沈んだあとの夕方だった。イングランドでは八カ月にわたり、何かと制約に縛られて暮らしていたため、クリスチャンとただ自由に歩けることがとても嬉しかった。彼は、まるで自分がボスのように、いつも先頭に立って歩かなければ気がすまなかった。ただ、迷うことは嫌いなようで、僕たちが指示する通りの道を歩いて行くのだった。幸いなことに、この散歩の間、僕たちはほかの動物に出会わなかった。ウシとの一件があって以降、また同じような場面に遭遇したとき、クリスチャンを制止する自信がなかったため、ひそかに心配していたのだった。僕たちは川で泳ぐこともあったが、そんなときクリスチャンは、木陰にじっと座り、僕らの様子を眺めているのだった。川の向こう岸から吠えてくるヒヒや、川面に浮かび上がってくるカバやワニを興味深そうに眺めていることもあった。

ドキュメンタリーの撮影は断続的におこなわれていた。また意外なことに、〝キングスロードのオーストラリア人たち〟は、イングランド人の撮影クルーよりも早くアフリカ生活に馴染んでいた。僕たちは暑さには慣れていたし、ひどい日焼けもしなかった。方向感覚があったので、車に乗っても迷わなかったし、森林を散策したり、川で泳いだりして、日々の生活を楽しんでいた。そしてもちろんライオンというものも怖れていなかった。

クリスチャンに対しては、まだ幼く、学ぶべきことがたくさんあるなと感じるときがあった。大きな四本の足をまだ上手に使いこなせておらず、岩を登るのが苦手だった。そのため僕らが見本を見せたり、助けの手を差し伸べたりしなければならなかった。彼は生涯で初めて、僕たちに完全には頼らずに、一人で遊ぶことを覚えたが、あらゆるものに自分から積極的に興味を持つという姿勢が見られず、その点は少し心配だった。足に刺さったトゲを自分で取り除けたにもかかわらず、彼はよく僕たちに取ってもらおうとした。肉球はまだやわらかく、長時間歩いたり、トゲが刺さったりして傷つくことがあったものの、すぐに治り、以前よりも固く、丈夫になっていった。

彼はアフリカでの生活に満足しているようだったし、僕たちに対しても引き続きやさしく接してくれた。身体は大きく成長したが、まだ自分から僕たちの腕の中に飛び乗ってきた。もちろん愛情の証だったのだが、僕たちは彼の体重を支えきれず、倒れそうになるのだった。まもなくほかのライオンたちがやって来ることになっていた。そうすればクリスチャンの生活はもっと充実するに違いないと期待していた。

10　ライオンとしての自覚

ジョージがナイバシャにボーイとカターニアを迎えに行っている間、テレンス・アダムソンが、ジョージが常駐することになるキャンプ地を建設していた。場所はタナ川から数キロ離れたところだったが、これはライオンがワニのたくさんいる川を渡るのを防ぐためだった。また、川の対岸は言わば狩猟区域になっており、お金を払ってライセンスを取得したハンターたちが特定の動物の捕獲を狙っていたため、ライオンも撃ち殺される危険性があったのだった。ジョージは少なくとも二年はコラに住む予定だった。その間にライオンの群れを作り、彼らに縄張りを形成させる時間を与え、自立させるつもりだった。このキャンプ地にはワイヤーで囲まれた大きなケージが二つあり、その中に複数の小屋やテントが設置された。

その後、ジョージがボーイとカターニアを連れて戻って来た。二頭のライオンはすぐにジョージのキャンプ地へ連れて行かれた。二日もすると長旅の疲れからすっかり回復したようだった。そしてクリスチャンが初めてアフリカ生まれのライオンと出会うときがやってきた。クリスチャンが野生へ戻るための第一歩は、ほかのライオンとの生活に順応し、人間と暮らした経験がデメリットになっていないのを確認することだった。ジョージによると、クリスチャンをボーイとカターニアに会わせるのは、週単位、月単位というように、じっくりと時間をかけておこなう必要があるとのことだった。最初は、クリスチャンとボーイおよびカターニアを、高い鉄製のフェンスで隔てられた別々のケージに入れる予定だった。隣り合って暮らすことで、お互いに親近感を持つようになり、やがて打ち解けていくと期待されていた。だが、人間であれ動物であれ、どんな関係にも相性があるし、とくにクリスチャンとボーイの場合は、ともに雄で、年齢も違っていたため、すぐにいい関係を築くのは難しいかもしれないと思われた。

どういう事態になるのかわからず、ワクワクする一方で不安な気持ちを抱きながら、僕たちは何も知らないクリスチャンをジョージのキャンプ地まで車で連れて行った。彼は僕たちと一緒に一つのケージに入った。もう一つのケージには、ボーイとカターニアが入っていた。カターニアはまだ身体が小さく、かわいいライオンだった。一方、ボーイは身体も大きくて迫力があり、クリスチャンをじっと見つめていた。クリスチャンもボーイの存在にはすぐに気づいたものの、そちらには目を向けようともせず、ただ困惑し、怯えているようだった。

僕たちは鉄製のフェンスから数メートル離れて立っているジョージとビルのところへ行った。クリスチャンは最初、僕たちのあとに続くのをためらっているようだったが、ゆっくりとついて来た。もちろんボーイの方はいっさい見ず、僕たちの背後に隠れるように、身をかがめていた。カターニアはこのただならぬ雰囲気を察し、少し離れたところでじっとしていた。すると突然、耳をつんざくような、うなり声がした。ボーイがクリスチャンを威嚇したのである。びっくりした僕たちはいっせいに逃げ出したが、クリスチャンはその場から動けず、ただ圧倒されていた。ボーイは満足したように立ち去った。クリスチャンはかなり動揺していて、僕たちが彼のもとへ近寄ると、どこへも行かないでとでも言うように、足にもたれかかった。この世界には自分以外にもライオンがいることを知り、大きなショックを受けているようだった。しかも最初に出会ったのは、彼の倍はあろうかと思われる、大きなライオンだったのだ。

僕たちはフェンスから数メートル離れ、三〇分ほど様子を見守っていた。ボーイはクリスチャンに冷淡な視線を浴びせていた。クリスチャンはというと、僕たちのひざの上に乗るか、背後に身をひそめ、眠っているフリをしていた。ボーイはさらに数回、クリスチャンに向かって吠えた。クリスチャンはさらに怖じ気づいていた。

僕らはフェンスから離れることにした。まずは第一段階終了。ボーイの行動は自然なものだった。大人のライオンというのは、年下に対して服従を求めるからである。だがジョージによれば、クリスチャンが萎縮したこともまた、年長者への敬意として、当然の行為だったという。クリスチャンは一日中、神経質になっていた。ボーイの存在は気にしながら、二つのケージを分けているフェンスには近づこうとせず、僕たちのそばにいた。その夜は、僕たちのベッドの間に、彼を寝かせることにした。だがボーイが大きなうなり声をあげてくるので、眠りは邪魔され、クリスチャンと僕たちを怯えさせたのだった。

翌日、クリスチャンはずっとジョージのベッドの上で過ごした。消極的になり、ボーイやカターニアとコミュニケーションを取ろうとしないクリスチャンのことが少々心配になった。彼は隣のケージにいるボーイとカターニアにときおり視線を走らせるだけだった。けれど、その日の午後遅くになって、クリスチャンはフェンスまで数メートルのところへ近づいて行った。カターニアがそれに反応し、歩み寄って来たものの、クリスチャンはそれ以上近づこうとしない。するとボーイがまた威嚇を始め、クリスチャンは怖じ気づいてしまった。そして僕たちの方へ戻って来たが、とにかく自分から第一歩を踏み出したのはいいことだと考えることにした。

翌朝、ジョージが二つのケージを行き来できる小さな出入り口を作った。ボーイとクリスチャンを仲良くさせるため、カターニアが二つのケージを移動し、両者の橋渡しになることを期待したのだ。カターニアはその日、二回ほどクリスチャンがいるケージに来たのだが、クリスチャンはベッドの上で寝ていて、気づかなかった。僕たちはまた、クリスチャンには社交性が欠けているのではないかと心配になった。彼はボーイとカターニアがまるで存在していないかのように装っていたものの、本心ではかなり気になっているのを僕たちは見抜いていた。

僕らが散歩に連れて出ると、クリスチャンはボーイとカターニアのそばからとりあえず離れられたので、安心しているようだった。あたりには平原がどこまでも広がっており、ところどころに露出した岩が見えるだけだった。ジョージはいろいろな理由から、ここをキャンプ地に選んだようだが、コラ・ロックという大きな岩があるのは、ライオンの群れが目印にするうえで重要だった。タナ川と比べれば見劣りするけれど、それでもコラは美しい地域で、景色はグレーとブラウンのさまざまな色合いで彩られ、干上がった泉の周りは緑が豊富だった。とはいえ、イバラの茂みに覆われた荒れ地には変わりなく、ライオンが住むには過酷な環境だった。クリスチャンは別の意味での〝世界の終わり《ワールズエンド》〟にやって来たのだ。

キャンプ地では、クリスチャンは小屋を建てている現地の人たちのズボンにかみついたり、運んでいるモノに飛びついたりするなど、ちょっかいを出して遊んだ。現地の人たちもクリスチャンの存在には慣れていたが、警戒心を捨てることはなかった。ライオンは昔から彼らに大きな脅威を与えてきたからである。ジョージは、クリスチャンがほかのライオンと違って、有色人種に対する偏見を示さないことに興味を覚えていた。ボーイは西洋人は受け入れたが、アフリカ人が彼のケージに近づくと、激しいうなり声をあげるのだった。クリスチャンにはそんな傾向は見られず、肌の色とは関係なく、僕たち全員を受け入れてくれ、ライオンの中でも特殊な存在のようだった。

キャンプ地での生活に慣れてきたクリスチャンは、だんだんとボーイを挑発するような行動を取るようになった。大胆にも、二つのケージを分けているフェンスのところまで行き、そこに腰を下ろすようになったのである。当然、ボーイが威嚇すると、クリスチャンは慌ててその場を立ち去るのだが、しばらくするとまた戻って来て、ボーイを刺激した。ボーイもこの図々しさに腹を立て、またうなり声をあげるのだった。

タナ川で遊ぶクリスチャン。

タナ川沿いの最初のキャンプ地。

生後3カ月のカターニアとボーイ。ボーイは映画『野生のエルザ』に出演した。

上：初めて顔を合わせたときのクリスチャンとカターニア。

右：コラのキャンプ地のジョージ・アダムソンとクリスチャン。

ボーイはフェンス越しにクリスチャンに襲いかかり、自分の力を誇示しようとした。

左：だが、賢明なクリスチャンは寝返りを打って服従の姿勢を示し、大ケガを免れた。

右：ケージの外で初めて会ったボーイとクリスチャン。

タナ川では、水に濡れることを嫌い、岩から岩へジャンプした。

クリスチャンは、カターニアのために作った出入り口から、頭だけを出してみせることもあった。だがボーイがそれに気づくと、すぐに頭を引っ込めた。ほかのライオンに興味を持つようになった証拠だと言えたが、それでもまだ人間といる方が落ち着くようだった。

ジョージがそろそろクリスチャンとカターニアを会わせてみる時期だと言い始めた。カターニアは最初のうちこそ、好奇心から何度か出入り口を行き来したものの、ボーイのもとを離れようとはしなかった。大人の雄ライオンと生後四カ月のライオンが、これほど強い結びつきを持つのは珍しいことだった。野生の群れにおいて、大人の雄は赤ちゃんにほとんど興味を示さないからである。だが、ナイバシャで一緒に暮らすうちに、ボーイは自分の意思とは別に、カターニアの母親のような役割を自然と受け入れるようになったのだろう。

ジョージがボーイをケージから出すと、フェンスの反対側にいるクリスチャンは、こっそりとそのあとをついて来た。ボーイはフェンスに向かって飛びかかったものの、以前ほどの本気さはなく、このような行動を取ることに飽きてきているようだった。ただ見逃せなかったのは、クリスチャンはいつものように萎縮したものの、初めて寝返りを打つ仕草を見せたことだった。これは年下のライオンが服従を示す行為であり、ボーイが要求してきたものだったのである。

僕たちはクリスチャンをボーイがいなくなったケージの方へ導いた。そこにはボーイと離れて困惑しているカターニアがいた。クリスチャンが落ち着いた様子で彼女に近づくと、二頭は頭をこすり合わせ、あいさつを交わした。クリスチャンはカターニアのことがお気に入りのようで、しばらく彼女のことをずっと舐めていた。この様子をボーイはケージの外からじっと見ており、最初は吠えかかって不満を表したものの、やがてあきらめてしまった。

クリスチャンとカターニアは楽しくじゃれ合った。クリスチャンは身体の小さいカターニアに対してやさしく接していたが、扱いに慣れていなかったので、ときどき乱暴にしてしまい、カターニアに嫌がられていた。また、カターニアのうしろをついて歩き、足を小突いて、つまずかせたが、これはリースヒルでユニティーとよくやっていた遊びだった。クリスチャンは遊び仲間ができて嬉しそうだったが、あとになって考えてみると、少々いい気になり、僕たちのことはほったらかしにしていたなと思う。

ボーイをケージの中に戻すと、カターニアはすぐに彼のそばへ駆け寄っていった。ボーイは、カターニアからクリスチャンの匂いがするのが面白くないようで、険しい表情をして、歯をむき出しにしてみせたけれど、とにかく状況は着実に前進しているように見えた。その夜、ボーイは僕たちのケージの中で一緒に寝たが、変な緊張感があった。というより僕たちとしては恐ろしかったくらいだ。ボーイとは遊んだこともないし、何もコミュニケーションを取ったことがなかったからだ。僕たちはクリスチャンと仲が良かったため、そのせいでボーイが僕たちにも敵対心を持つのではと心配だった。ボーイは大きな牙を使って何度か僕たちの手を持ち上げようとした。別に襲うつもりではなく、ただスキンシップのつもりだったと思うが、こっちは冷や汗もので、生きた心地がしなかったものである。ライオンは急な動きに対して警戒心を示すため、僕たちはなるべくリラックスするようにし、怖がっていることに気づかれないように努めた。ボーイはあちこちにオシッコをしてマーキングをしたが、僕たちは彼の縄張りを荒らさないよう慎重に行動した。クリスチャンと違い、彼が何を考えているか、僕たちにはあまり理解できなかった。何度もケガをし、手術を受け、麻酔を打たれたことが、彼の心の内をわかりにくくしているのかもしれなかった。

ジョージがそろそろケージの外でクリスチャンとボーイを会わせてもいい頃だと言い出した。それは僕たちも楽しみにしていたことだった。だが、二頭がケンカをしてしまった場合は、クリスチャンがやられてしまうだろうと思っていた。すべてはジョージが決めることであり、彼の経験と判断力に頼るほかはなかった。キャンプ地の近くにあるコラ・ロックでクリスチャンとボーイを会わせることになった。僕たちがクリスチャンを、ビルとジョージがボーイとカターニアをケージから連れ出した。クリスチャンは一〇メートル離れたところから、ボーイとカターニアをまじまじと見つめていた。僕たちは二〇分ほど、緊張感を覚えながら、ただ事のなりゆきを見守っていた。クリスチャンはボーイと接触したいと思っているようだったが、最初に動くのは自分ではないことを直感でわかっているようだった。

異様な緊張感に耐えられなくなったカターニアが、クリスチャンの方に向かって歩き始めた。二頭があいさつを交わすと、ボーイがさっと起き上がり、クリスチャンに向かってうなり声をあげた。心臓がドキドキする恐ろしい瞬間だった。クリスチャンが寝返りを打って、服従の態度を示す一方で、ボーイは少し離れたところでそれをじっと見ていた。二頭は激しいケンカを始めるかと思われたが、つかみかかろうとする姿勢を見せるだけで、取っ組み合うことはなく、そのためクリスチャンがケガをすることはなかった。

それから一〇分ほどして、安全なところへ逃げていたカターニアが、またクリスチャンの方へ近寄っていった。ボーイとクリスチャンの間に再び緊張感が走ったものの、今度はボーイがその場から立ち去った。クリスチャンはひどく怯えているようだった。

僕たちは彼をなぐさめながら、キャンプ地まで連れて帰った。よく見てみると、身体にいくつか小さなキズを負っているようだった。

ボーイとクリスチャンの出会いは僕たちが意図的につくったものだが、自然界で大人のライオンと若いライオンがどのように関係を築いていくのか、それを垣間見たような気がした。また、クリスチャンに同情を覚える一方で、動物社会とその中の慣習に勝手に立ち入ったようにも感じたものである。クリスチャンは本能的に自分の役回りを理解しており、ライオン社会の掟に素直に従ったのだ。ジョージは、クリスチャンは勇気を持ってボーイと接触したし、逃げたりしなかったのは立派だったと言ってくれた。カターニアと仲良くなったのはクリスチャンにとって嬉しいことだっただろうが、それよりも彼が望んでいたのは、ボーイに受け入れられることだったに違いない。だからこそクリスチャンは、恐怖で縮み上がるような状況においても、決して引き下がったりはしなかったのである。

僕たちは全員が一つのケージで暮らすようになった。その後の数日間、クリスチャンは許される範囲内で、なるべくボーイの近くにいるようにした。クリスチャンがあまりに大胆な行動に出ると、ボーイは吠えて不快感を示したが、以前ほど激しいものではなかった。クリスチャンはボーイにべったりで、彼の行動をマネするようになった。いつもボーイのあとをついてまわり、ボーイが座ればクリスチャンも座り、ボーイが横になれば、クリスチャンも同じ格好で横になるのだった。クリスチャンがボーイのすぐそばに寝そべっているのをよく見かけたが、その場合は、歩いているときよりボーイに近づけるので、クリスチャンはとても満足しているようだった。クリスチャンはカターニアと遊ぶこともあったが、彼が一番に考えているのはやはりボーイだった。クリスチャンは僕たちに対しても愛想よくしてくれたが、彼の中にライオンとしての自覚が芽生え始めているのは確実だった。

毎朝、僕たちはジョージとライオンたちと一緒に散歩に出かけた。クリスチャンはボーイとカターニアのうしろをついて歩いたが、ボーイが振り返るたびに、クリスチャンは腰を下ろすか、そっぽを向いて視線をそらすのだった。三頭のライオンはいつも一緒にいたが、クリスチャンは常にボーイとカターニアから距離を置いていた。群れの一員としてまだ完全には受け入れられていないのだった。

僕たちはコラでライオンと一緒に暮らしていたわけだが、それはふつうでは考えられない者同士の共同生活だったと言えるだろう。ライオンの行動に詳しいジョージが一緒だったとはいえ、危険な環境だったのは間違いなかった。ジョージの活動を中傷する声があったのは事実だが、僕たちは気にしていなかったし、彼に全面的な信頼を寄せていた。三頭のライオンと同じテント内で眠るのはなかなか面白い経験で、カターニアが僕たちのつま先をかんだり、毛布をはぎ取ったりする一方、クリスチャンはベッドの下に隠れ、ボーイは低いうなり声をあたりにとどろかせるのだった。

そのうちボーイが、ジョージにするのと同じように、僕たちに対しても、頭をこすりつけてあいさつをしてくれるようになった。ボーイには威厳があり、ネコ科の動物に見られるように、何でも自分の思い通りにしなければ気がすまず、自分がやりたいことだけをしていた。コラでもドキュメンタリーの撮影は続けられていたが、ボーイが撮影に適した場所に移動するまで何時間も待たなければならないことがあった。一方、クリスチャンの場合は、僕たちが彼を抱え上げ、カメラマンの要求する場所につれて行けば、それでよかった。僕たちはいつのまにかボーイのことを、体格の面から、〝立派な〟ライオンと考えるようになっていたが、若さで元気いっぱいのクリスチャンと比べると、個性というものが感じられなかった。僕たちがボーイに敬意を抱いていたのは、ただ彼が僕たちやクリスチャンを襲ったりしなかったためである。

クリスチャンがアフリカへ来て数週間が経過した。ずいぶんタフになったし、肉球もぶ厚くなり、一人前のライオンへと成長していた。ビルはクリスチャンのことを「ライオン界のジャン＝ポール・ベルモンド」（当時のフランス映画の大スター）と呼んでいた。クリスチャンはいつも元気だったが、ある日急に疲れた様子を見せた。ボーイにまだ完全に受け入れられていないのを気にしているのだろうと思ったが、歯茎は真っ白になり、鼻も熱くなっていたため、ジョージに見せると、ダニ熱にかかっているとがわかった。クリスチャンはその病気に免疫がなかったが、感染をあらかじめ予想していたジョージがワクチンを所持しており、注射を打つことになった。ジョージは、エルザの死因はダニ熱だったと考えているようで、当時このワクチンを持っていなかったのを後悔しているようだった。クリスチャンは二日間ほど寝込んでいたが、その後、急速に元気を取り戻していった。

いまやクリスチャンとボーイは、まだ完全ではないものの、打ち解けるようになっていた。ビルと撮影スタッフはイングランドへ戻って編集作業をすることになった。僕たちも少しの間コラを離れることにした。クリスチャンを僕たちのいない生活に慣れさせるためだ。ケニアやタンザニアを旅行したあと、また戻って来て、クリスチャンにお別れを言うつもりだった。

11　その後のクリスチャン

ケニアではマサイマラ国立保護区、タンザニアではセレンゲティ国立公園、マニャラ湖、ンゴロンゴロ・クレーターを訪れた。ヌー、シマウマ、レイヨウ、ゾウ、チーター、ヒョウ、フラミンゴなどさまざまな種類の動物を目撃。僕たちが最も感動したのは、ンゴロンゴロ・クレーターの壮大な美しさだった。畜牛を財産とする昔からの生活様式を守り続けようとする、気高いマサイ族にも会ったが、最近は、僕たちが出会った四〇年ほど前と比べ、土地や資源を巡る競争が激しく、危機に直面していると聞く。初めて野生のライオンを見たのもこのクレーター付近で、三頭の赤ちゃんライオンと二頭の雌ライオンを目にした。観光事業は多くのアフリカ人にとって重要な産業だったが、その一方で、ライオンの野生生活に影響を及ぼしていた。観光客を乗せた何台ものランドローバーがライオンの周りを取り囲んでおり、写真を撮ろうと窓から身を乗り出している者もいた。また、ある女性は、ライオンが捕えたばかりのバッファローをハゲワシから守ろうとしている姿を見て、こう吐き捨てていた。「私が見たいのは獲物を仕留める瞬間であって、死骸じゃないわ。車を出して」

僕らが宿泊した山小屋はどれも高級なもので、中年の観光客がたくさん泊まっていた。彼らはライオンを一頭でも見かければ、アフリカ旅行へ来た目的は果たされたと考えているようだった。このような観光客たちはアフリカでのひとときを満喫し、野生動物に触れる機会を楽しめただろうが、飼っていたライオンと一緒にアフリカを訪れていた僕たちはそうはいかなかった。僕たちは数頭のライオンと一緒に何週間もコラに滞在していたし、アフリカの本当の生活というものをすでに体験済みだった。たくさんの動物が目の前を通過していくのをただ眺めるのではなく、数は少なくても、野生動物と偶然に出会うこと、タナ川のそばに何時間も座り、ウォーターバック、ヒヒ、オリックス、ゾウなどが、あたりを警戒しながら、こっそりと水を飲みに来るのを目にする方が、僕たちにとっては嬉しいことだったのである。

ナイバシャ湖沿いのエルザミアにあるジョイ・アダムソンの家を訪れることになった。ナイロビから車で一時間三〇分の距離だった。コラに移る前、ジョージは手術を受けたボーイの回復をここで見守っていたのだった。

ジョイはオーストリア出身で、彼女が初めてアフリカへ渡ったのは一九三六年のことだった。才能に恵まれた、活発な女性で、そのとき連れ添ったパートナーによって仕事を変えることが多かった。植物を題材としたアーティストとして知られる一方で（二番目の夫のピーター・バリーは植物学者だった）、動物、鳥類、ケニアの部族などの絵画も描き、その作品の多くはナイロビ博物館に収蔵されている。ジョイとジョージは一九四二年に知り合い、彼女が亡くなるまで、波乱に富んだ結婚生活を続けた。

エルザを育て、自然に戻したあと、二人は動物の保護活動に力を注いだ。ジョージが書きとめていた日記をもとにジョイが『野生のエルザ』を執筆。一九六〇年に刊行、一九六六年には映画化され、どちらも世界的に大ヒットした。

一九六一年、ジョイはエルザ野生動物基金（現在はエルザ環境保護トラストに改名）を設立。ジョージは、クリスチャンのドキュメンタリー番組の制作とコラの使用許可料により、ジョイから初めて財政的に独立し、自分が管理するライオンたちと一緒に暮らす場所を確保した。しかしジョイはこれを快く思わなかった。だから僕たちはおそるおそるエルザミアを訪れたのだが、ソファのカバーにライオンの皮が使用されていたことには、正直驚いた。それに言及すると、ジョイは「いいライオンもいれば、悪いライオンもいるのよ」と一蹴したものである。

ジョイは気難しい性格で、他人とよく衝突していたとの噂を聞いていたが、僕たちにはフレンドリーに接してくれた。彼女は頭の回転が早い、魅力的な女性で、ボーイがケガから順調に回復していると聞くと（まだ足を引きずっていたが）、安心したようだった。クリスチャンにも、すごく興味を持っているようだったが、野生の厳しい環境で生き延びるのは難しいのではないかとして、「イングランド生まれの甘やかされたライオンは殺されてしまうわよ。ジョージもね」と言うのだった。ジョイはコラに来たいようだったが、何も手伝わせてもらえないことを心配しているようだった。『野生のエルザ』の成功で大金を手にしたものの、ジョイはジョージの活動に金銭的な援助をいっさいしなかった。ジョイは結局コラを訪れ、喜んでクリスチャンと一緒に写真を撮ったが、最終的にはこんなことを言った。「人間はそろそろライオンをそっとしておくべきよ」。これこそアダムソン夫妻の活動におけるジレンマだったと言えるだろう。彼らの仕事は成功を収め、独立を果たし、動物たちは野生に戻った。だがその結果、彼らのやるべきことはなくなってしまったのである。

動物を愛するからこそ、周囲の人間と衝突したり、現地の者に厳しく当たったりしてしまうことがある。ジョイもそんな一人だったに違いない。彼女は一九八〇年、金銭トラブルから、現地の人間に殺されてしまった。

ナイロビではクリスチャンから採取した血液を検査した。ジョージが診察したとおり、クリスチャンの病気はやはりダニ熱で、再発の可能性も、少ないながらまだあるとのことだった。また、ボーイとカターニアにも、同じケニア国内とはいえ、生息地域を変更したため、感染の可能性があるようだった。

車での帰り道、僕らは道に迷ってしまった。もう陽は暮れていた。すると、裸に近い格好をして、やりを携えた原住民に呼び止められた。僕たちはとっさに窓を閉めた。だが、別に襲うつもりはないようだった。しかも近くで見てみると、棒切れを持った子供たちであり、ただタバコが欲しいだけのようだった。彼らは僕たちをコラまで案内し、英語で「白人がライオンを飼っているカンピ・ヤ・シンバはこっちさ！」と教えてくれたのだった。

ジョージのキャンプ地に戻ったのは夜遅くになってからだった。ジョージはクリスチャンのことを気にかけていた。ボーイとカターニアと一緒に散歩に出かけたのに、彼だけがまだ戻っていないという。こんなことは初めてだった。ジョージはクリスチャンを探しに行ったものの、見つけられなかった。

だが、僕たちがキャンプ地に帰るとすぐ、クリスチャンが走って戻って来た。僕たちは二週間、キャンプ地を離れていたのだが、クリスチャンは嬉しそうに飛びついてきたのだった。ジョージによると、僕たちが戻って来ることを予感していたのだろうとのことだった。ライオンには、人間が失ってしまったか、もともと備わっていなかった第六感があるらしかった。

クリスチャンはよほど寂しかったようで、僕たちの顔を絶えず舐めながら、嬉しそうな鳴き声をあげていた。僕たちが座ると、ひざの上に乗ってきて、思いきり身体を伸ばしてくるのだった。こっちが食事をしているときも、テーブルの上にジャンプしてきたし、夜もゆっくり眠らせてくれなかった。

僕たちとすれば、彼が元気でいてくれればそれで嬉しかったし、ジョージも僕たちと同じようにクリスチャンを気に入ってくれているようだった。ある夜、ジョージがあまり深く考えずに粉ミルクを与えたことがあった。だがそれはロンドンにいた頃から、クリスチャンの大好物だったのだ。すると、その後はもう、ジョージが粉ミルクをくれるまで、クリスチャンは彼のうしろをついてまわり、ひざの裏に頭をこすりつけるのだった。

残念ながら、ボーイはまだクリスチャンを完全には受け入れていなかった。そのためクリスチャンはときどき落ち込んでいるようだった。その一方でクリスチャンとカターニアはすっかり仲良くなっていた。ジョージによると、ボーイがクリスチャンに冷たい態度を取るのは、ジェラシーによるものかもしれないとのことだった。

ジョージは僕たちがコラを離れた日に起きた事件を話してくれた。いつものように三頭のライオンと一緒に朝の散歩に出かけると、大きなサイに出くわしたという。ボーイとカターニアは安全な距離を保っていたものの、クリスチャンは、ジョージの命令を無視して、そのサイに向かって行った。クリスチャンは後方からこっそりと忍び寄ったが、サイに気づかれ、襲われてしまった。空中に投げ出されてしまったクリスチャンはそのまま敗走。ジョージはその闘争心には感心したものの、クリスチャンがこれを教訓にしてくれるだろうと考えたという。

ボーイはすでにジョージのキャンプ地を離れ、自分の縄張りを形成するようになっていた。野生のライオンがいると思われる方向とは反対の方に縄張りを築こうとしていたが、一頭だけでそれをやるのは難しく、ジョージは新たに二頭の雌ライオンを連れて来ることにしていた。この二頭はクリスチャンとほぼ同じ年齢で、畜牛を襲っているところを捕えられ、ジョージが介入しなければ、処分されていたところだったという。

今回僕らがジョージとクリスチャンと過ごしたのは数日間だけだった。毎朝、三頭のライオンと一緒に散歩に出かけた。クリスチャンはボーイとカターニアのあとについて歩いたが、ボーイの方では、まだクリスチャンのことを完全には仲間だと思っていないようだった。午後になって、僕たちはジョージと一緒に三頭のライオンを探しに出かけたが、ジョージは足あとでクリスチャンたちの行き先がわかるようで、彼の野生生活に関する深い知識にあらためて驚かされたものである。ライオンたちは夜には必ずキャンプ地へ戻って来て、食事を取った。といっても彼らで獲物を持ち帰るのではなく、ジョージが車を運転して、狩りをしてくるのだった。もちろんジョージとしては早く自分たちで獲物を見つけてくれるのを望んでいたのだが……。

ジョージとの会話は楽しく、何時間もしゃべり続けるときがあった。話の内容はライオンのことだけでなく、オーストラリア、僕たちのロンドンでの生活、彼のアフリカでの生活などにも及んだ。ジョージは一九〇六年に英国陸軍に勤める父親の駐留先だったインドで生まれた。イングランドで教育を受け、ケニア野生生物局の猟区管理人として働いてきた。孤立した生活を送ってきたものの、外部の世界と連絡を断っていたわけではなかった。それでもイングランドには学校を卒業してから一度しか帰ったことがなく、僕たちがロンドンの様子を伝えると、いろんなことが大きく変わっているることに驚いていているようだった。ジョージは、世界中からやって来る訪問者、友人、支持者、そして『プレイボーイ』といった雑誌（ジョージはグラビアではなく記事を読んでいたと主張していたが）などから、さまざまな情報を得ているようだった。ハンターになったばかりの頃の話もしてくれ、多くの動物が絶滅の危機に瀕しているのを知り、それらを保護することがいかに重要かを認識するようになったという。エルザが死んでからは、ライオンを自然へ戻す活動がジョージの主な仕事になっていた。

ジョージはライオンに対して大きな愛情を抱いていたし、不可能ではないにしろ、なかなか難しい動物との会話も、ライオンとならできるはずだと信じていた。ライオンの威厳、そして愛情と信頼を注げばそれに応えてくれるところが気に入っているようで、ライオンの方が彼を必要としなくなるまで、カンピ・ヤ・シンバに住み続けたいのだという。ジョージはまもなくボーイがクリスチャンを完全に受け入れるはずだと信じていたし、二頭の雌を連れて来れば、クリスチャンを含めた群れの基礎ができると考えていた。そして群れのすべてのライオンが野生生活に何の問題もなく溶け込んでいくと自信を持っていた。

いくつもの偶然を経て、僕たちはクリスチャンをアフリカへ連れて来て、ライオンに関して世界で最も深い知識と愛情を持った専門家のもとへ預けることができた。クリスチャンは自然の中で自由な生活を送れるようになるはずである。僕たちにとってこれ以上望むものはなく、安心して彼のもとを離れることができた。クリスチャンのいない人生は、最初のうちは空しく感じられるだろう。そう考えると涙があふれてきた。クリスチャンにまた会えたらどんなに嬉しいだろうとも思った。だがクリスチャンにしてみれば、時間的、物理的に長い道のりを経て、ようやく本来いるべき場所へ戻って来たと言えるのかもしれなかった。

12　クリスチャンの成長

コラを離れ、ロンドンへ戻ってから数カ月が経った頃、ジョージからクリスチャン、ボーイ、カターニアの近況を記した手紙を受け取った。その一部を以下に紹介する。

カターニアの悲劇についてはもう聞いていることだろう。先月のある夜、三頭のライオンは食事を取ったあと、川の方へ出かけて行った。彼らは翌朝になっても帰って来なかったが、別に心配はしなかった。二、三日いなくなることはあったし、五日も戻って来ないときもあったからだ。二日ほどしてから、一応探しに出かけたが、見つからなかった。するとその翌日、朝の早い時間に、クリスチャンだけが帰って来た。いつもはカターニアと一緒だったので、少し心配になった。

ボーイはよくガールフレンドと遊んでいたが、今回はカターニアと一緒なのではないかと思った。だが翌朝、帰って来たのはボーイだけだった。

そこでこれはおかしいぞということになったし、クリスチャンも心配している様子だった。徒歩、あるいは車を使って、本格的な捜索に乗り出した。クリスチャンを連れ出し、彼のすぐれた嗅覚に頼ることもあった。四日ほどが経ってようやく、川のほとりに三頭が残した足あとを見つけることができた。君たちが私のキャンプ地に来る前、タナ川でテントを張っていた場所から五キロほどのところだ。クリスチャンとカターニアが遊んだあとがはっきりと残っていた。川の反対側へ渡ってみたが、そこにはボーイの足あとしかなかった。川の手前にはクリスチャンが立ち去ったあとがあった。カターニアはボーイに続いて川を渡ろうとしたが、体重が軽くて、川に流されたに違いないと思った。そしてワニに捕えられてしまったのだろう。ライオンはカターニアのように幼くても上手に泳げるので、溺れたというのは考えられなかった。私はとても落ち込んだし、ボーイとクリスチャンもそうだったはずである。

二週間ほど前、ボーイは再び川を渡り、ガールフレンドと一緒に戻って来た。二頭は三日ほど仲良くキャンプ地に滞在していたが、その間、クリスチャンがキャンプの茂みのそばでうなり声をあげているのが聞こえた。懐中電灯をかざすと、彼は同じぐらいの年齢の雌ライオンと一緒だった。

ボーイとクリスチャンはいまやすっかり打ち解けていた。ただし、頭をこすりつけてあいさつを交わすときは、ボーイが主導権を握っていることが多い。それでもクリスチャンはボーイと一緒になって、吠えるようになった。いくぶん未熟ではあったが、大人へ向けて一歩前進した証拠である。クリスチャンの声はそのうち、ボーイのものよりも低く、迫力が出てくるに違いない。数日前には、二頭はまたあの雌ライオンたちと会っていたようだ。狩りもしたようで、キャンプ地に戻って来たときはお腹が一杯で、その後の三日間は、何も欲しがらないほどだった。

君たちに話した雌ライオンたちをまもなくここへ連れて来るつもりだ。生後一四カ月で、それぐらいの年齢であれば、すでに母親と一緒に狩りに出かけた経験があるはずである。群れを作るにあたり、貴重な存在になるだろう。私自身も、彼女たちの信頼を勝ち取り、いい関係が築けるように頑張っていくよ。

一九七一年一月一二日

ジョージ・アダムソン
コラのカンピ・ヤ・シンバにて

僕らがジョージからこの手紙を受け取ったあと、ビル・トラバースはケニアに飛び、その後イングランドに帰って来てから、次のような手紙を送ってくれた。

ジョンとエースへ

この週末にアフリカから戻って来たところだ。この数週間は、クリスチャンの最新情報が聞きたくて、ウズウズしていたことだろう。だからまずは、詳しいことを話す前に、とにかく彼は元気にやっていると言っておくよ。君たちがいたときはダニ熱にかかったが、その後は何の病気にもならず、むしろ元気過ぎるほどだ。私のカーキ色のズボンはボロボロになってしまったからね。

体重もずいぶんと増え、私が見た感じでは、一〇〇キロ近くはあると思うね。いつか、ケニアまでのフライトの準備のため、イングランドで彼を肉屋の体重計に吊るしたことがあったが、もうあんなことをするのは無理だよ。クリスチャンはやりたがるかもしれないがね。身長も人間の肩ぐらいまであるし、立派な大人のライオンに成長したんだ。君たちも知っているとおり、ボーイはライオンとしては大きな部類に入るが、彼とほとんど変わらないほどの体格になっている。だが、身体は大きくなっても、相変わらず人なつっこい。ジョージがキャンプ地を取り囲んでいるフェンスの外に出た途端（もうクリスチャンはキャンプの外で暮らすようになっていた）、頭をこすりつけ、サンドペーパーのようにザラザラの舌で彼を舐めてくるんだ。

クリスチャンを野生へ戻す準備は順調に進んでいるようだったよ。ジョージは数カ月をかけ、ライオンの家族を形成し、彼らに縄張りを守ることを教えていくわけだが、クリスチャンと良好な関係を築いているのは、その活動をつづけていくうえで、役に立つに違いない。

ところで、クリスチャンの体毛は、暑い気候に合わせて、短くなってきているようだ。そのため、以前よりもシャープで、成熟した雰囲気が漂っているし、かなりたくましく見えるよ。まさに立派なライオンに成長したと言えるだろう。ただ、まだ身体と足の大きさのバランスが取れておらず、足の長さに合わせて、身体はもっと大きくなるだろう。そうすればクリスチャンは間違いなく、アフリカで最も大きいライオンになるはずだ。

君たちが去ってから、ボーイとクリスチャンはとても親密な仲になった。離れられない関係とも言えるようで、ボーイのこともクリスチャンのことも大好きなカターニアが、自分もかまってほしいと両者の間に割り込んでくる姿がよく見られたものだ。

しかし残念なことに、このような微笑ましい関係は、すでにお聞きおよびのとおり、長続きしなかった。カターニアが死んだと考えられる状況については、いまさらどうこう言っても仕方ないと思っている。ただ二重の意味での悲劇だった。ボーイとクリスチャンが幼い仲間を失ったのはもちろんのこと、ジョージの群れにおける唯一の雌ライオンがいなくなったという意味でもショックだった。

いいニュースも知らせておこう。ジョージが連れて来た二頭の雌は、クリスチャンよりも数カ月若い、同年代のライオンだ。クリスチャンと違い、野生生活にかなり慣れているようで、まだ自分たちでは獲物は仕留められないものの、両親から狩りの方法を学んでいるようだった。また、ライオン社会の厳しいルールもある程度理解しているようだった。彼女たちと一緒に生活することで、クリスチャンは多くのことを学ぶに違いない。

チェルシーや私たちの別荘で過ごした日々は、彼がこれから送る生活にはほとんど役に立たないだろう。家族や群れの中に雌がいるのは大事だから、ジョージも嬉しく思っているはずだ。ジョージの助けのもと、ライオンたちがタナ川で群れを築き、自然に囲まれた、自由な生活を満喫するのを願っているところである。

　君たちは毎日のように、クリスチャン、ジョージ、ボーイのことについて話したり、少なくとも考えたりしていることだろう。私に言えるのは、ジョージのキャンプ地を離れるときに撮った写真でわかるとおり、彼らは全員元気だということだ。私がナイロビへ向けて去ったとき、彼らはいつまでも見送ってくれたよ。私は何度も振り返ってみたのだが、クリスチャンがジョージに身体をこすりつけ、ジョージがクリスチャンのたてがみをなで、クリスチャンがボーイのそばに寄って行く姿が見えた。

　妙に幸せな気分だった。ジョージ・アダムソン、そして君たちがいなければ、クリスチャンはまったく違った一生を送ったに違いない。私はそんなことを考えていたんだ。ではまた。

ビル

13 ユーチューブで流れた一九七一年の再会

ボーイは、クリスチャンになかなか心を許さなかったが、いまではお互いに信頼できる仲間同士となり、カターニアが死んでからは、二頭の間の絆がさらに強まったようだった。一九八六年に発表した自伝『追憶のエルザ』で、ジョージ・アダムソンは、コラでボーイとクリスチャンと過ごした日々について、「人生で最も楽しかった時期の一つだった」と記している。だが、もともとコラに住んでいた野生のライオンたちは、自分たちの縄張りに、ボーイ、クリスチャン、そしてモナリザとジュマという二頭の雌(ケニア北東部のマラルから連れて来られた)が入ってくるのを快く思っていなかった。ボーイは、群れで唯一の大人のライオンおよびリーダーとして、野生のライオンたちとしばしば衝突していた。ある日、背中に重傷を負ってキャンプ地に帰って来たことがあり、安全を確保できるケージの中で、ジョージが治療してやったという。すると野生のライオンたちが、ボーイに接触できないことに腹を立て、代わりにモナリザを襲い、殺してしまったのだった。

ボーイはそのケガでかなりダメージを受けたようで、たびたび単独行動を取るようになった。その結果、クリスチャンとジュマ（この二頭はすぐに仲良くなった）は無防備な状態となったが、ジョージはボーイの健康状態も気にかけているようだった。

ジョージのもとにはその後、ナイロビの養護施設から、一歳半の雌ライオンが二頭（死んだモナリザにちなみ、それぞれモナとリザと名付けられた）と、スーパーカブという名前の元気な若い雄ライオンが送られてきた。自立した群れを作るというジョージの計画は着実に進んでおり、クリスチャンはその中で中心的な役割を果たす存在になっていた。

だがここで事件が発生した。一九七一年六月六日のことである。ボーイは数日間群れを離れており、ほかのライオンたちはキャンプ地のそばのコラ・ロックにいた。ジョージはキャンプの外で水を飲む音が聞こえたので、ボーイが戻って来たことに気づいたという。すると突然、悲鳴があがった。ジョージが銃を持って外へ出ると、彼のアシスタントを務めていたスタンリーというアフリカ人が、ボーイに襲われていた。

ジョージが叫ぶと、ボーイは襲うのをやめたが、ジョージはとっさにボーイを撃ち殺したのだった。すぐにスタンリーのもとへ駆け寄ったが、すでに亡くなっていたという。

ジョージは大きなショックを受けた。スタンリーはケージの外へ出ないように言われていたのに、それを無視したため、命を落としてしまったのだった。ジョージもまた、ボーイという幼い頃から自分が面倒を見てきたライオンを失うことになった。まさに〝アクシデント〟と呼ぶべきこの事件は国際的なニュースとなり、地元の警察と政府機関によって調査がおこなわれた。ジョージは人命を危機にさらしたとして非難され、彼のプロジェクトは一時的に中断されることになった。しかしジョージには、多くの支援者がついており（その中には、ケニアの観光産業発展のためにアダムソンという名前を利用したいと考えていた複数の大臣も含まれていた）、コラに残ることは認められた。

僕たちはそのときロンドンへ戻っており、一九七一年一一月の出版が決まっていたこの本の執筆に取り組んでいた。また、撮影スタッフとともにクリスチャンに会いに行き、ドキュメンタリー番組の第二弾のために再会シーンを撮ることになっていたのだが、この事件のため、予定を延期した。

数週間が経ってからようやくケニアを訪れると、いろんな人たちから、ボーイはジョージが管理していたライオンの中で最も行動が読みにくかったのに、スタンリーは警戒せず、ボーイのそばに不用意に近づくことがあったと聞いた。

ジョージとはコラのキャンプ地から数キロ離れた場所で会った。ジョージの弟のテレンス・アダムソンが準備していた一時的な待機所だった。ショッキングな事件があったにもかかわらず、ジョージは元気そうに見えたし、僕たちが訪れたことで、気がまぎれればいいと思った。僕らは車でカンピ・ヤ・シンバへ戻ったが、クリスチャンのことについて、ジョージを質問攻めにしないよう努めた。ジョージもしばらく会っていなかったライオンたちは、キャンプ地の近くに姿を見せており、陽射しを避け、木陰で休んでいた。僕たちはただ、クリスチャンが一体どんなリアクションを見せてくれるか楽しみにしていた。劇的な再会になるはずだと心の底では思っていたし、クリスチャンが僕たちを忘れているはずはないと強く信じていた。

エースは当時、クリスチャンとの再会について、両親に宛てた手紙でこう書いている。

ライオンたちは僕たちから数百メートル離れたところに横たわっていた。太陽が沈んで涼しくなり、ライオンたちが動き出すまで、しばらく待たなくてはいけなかった。僕たちはようやく、撮影スタッフと一緒に彼らに近寄り、コラ・ロックのふもとで待機することにした。ジョージが岩の上へ登って、クリスチャンの名前を呼ぶ。すると、五〇メートルほどの距離のところに、クリスチャンが姿を見せた。

数秒間、こっちをじっと見つめると、彼はゆっくりと近づいて来た。その間も僕たちから視線を放そうとはしない。ライオンらしい風格を漂わせていたが、周りには大きな岩がたくさんあったため、身体はそれほど大きくは見えなかった。

僕たちが待ちきれずに名前を呼ぶと、クリスチャンは急に走り出し、こちらへ向かってジャンプしてきた。立派に成長したその身体はズシリと重かったが、そんなことよりも、僕たちは再会を大いに喜んだ。

クリスチャン以外にも三頭の雌（クリスチャンと同じぐらいの年齢だが、身体はずっと小さい）と、生後五カ月のスーパーカブが僕たちの周りに集まっていた。クリスチャンは以前とまったく同じように、愛情たっぷりに僕たちを迎えてくれた。ジョージや撮影スタッフなど現場にいた誰もが、僕たちの再会を祝福してくれた。ジョージにとってクリスチャンは、彼が世話をしてきた中で、一番印象深いライオンだったに違いない。
　クリスチャン自身は、暑さのためにたてがみはそれほど成長していなかったものの、体調はよさそうで、生気に満ちていた。身体の斑点はほとんど消えており、象牙色の前歯は四センチ近くあって、迫力抜群だった。体重も一〇カ月前は七〇キロほどだったのに、いまは倍近い一三〇キロはあるようだった。僕たちはクリスチャンのことを誇りに思ったし、彼のそばにいると、なんだか気が引き締まる思いだった。群れのリーダーとして、大人のライオンに成長していたが、お茶目な部分をなくしたわけではなく、僕たちと楽しそうに遊んでくれた。ジョージは群れが一体感を強めていることに満足しているようだったし、まもなく狩りもできるようになるだろうと話していた。狩りと聞くと大変そうだが、野生動物が生きていくには不可欠なことなんだ。

　一九七一年七月二〇日、ナイロビにて

　何十年も経ったいまでも、これらの言葉を読み返すと、当時の気持ちがまるで昨日のことのように思い出される。クリスチャンは立派なライオンになり、僕たちをやさしく迎えてくれた。僕たちが怖がるのを期待していた人もいただろうが、そんなことはありえなかった。クリスチャンは、以前と変わらない愛情で僕たちと接してくれたのだ。ほかのライオンたちに会ったのは初めてだったが、モナ、リザ、ジュマ、スーパーカブも、僕たちを温かく迎え入れてくれた。

朝はクリスチャンの吠える声で目を覚ましたが、二歳のライオンとしては迫力たっぷりの声だった。午前中はライオンたちと散歩に出かけ、太陽が高くなると、日陰に入って足を休め、午後にはジョージと一緒にライオンたちを迎えに行った。ボーイが死んで数週間が経っていたが、クリスチャンはすでに群れのリーダーとしての威厳を備えるようになっていた。僕たちとの関係においても、クリスチャンに主導権を握らせるようにして、彼が遊びたければ一緒に遊んだし、彼がかまってほしくないと思っているときは、そっとしておいた。

ほかのライオンたちと触れ合うのは楽しかったが、基本的には人間を警戒する野生の気質を持っていたので、簡単にはいかなかった。ただ、いまになって、僕たちとクリスチャンとの関係を振り返ってみると、ジョージは本当に大きな信頼を寄せてくれていたんだなと思う。クリスチャンと一緒に散歩へ出かけたとき、こんなことが起きた。クリスチャンが突然、うなり声をあげながら、やぶの中へ突進して行った。そこ

コラのイバラの茂みを歩くクリスチャン。

上：コラのキャンプ地の日陰で休むジョージ、エース、クリスチャン、ジョン。

左：クリスチャンがアフリカのジャングルで初めて過ごした夜。安心させようとしているのか、ジョンの顔の上に前足を伸ばしている。

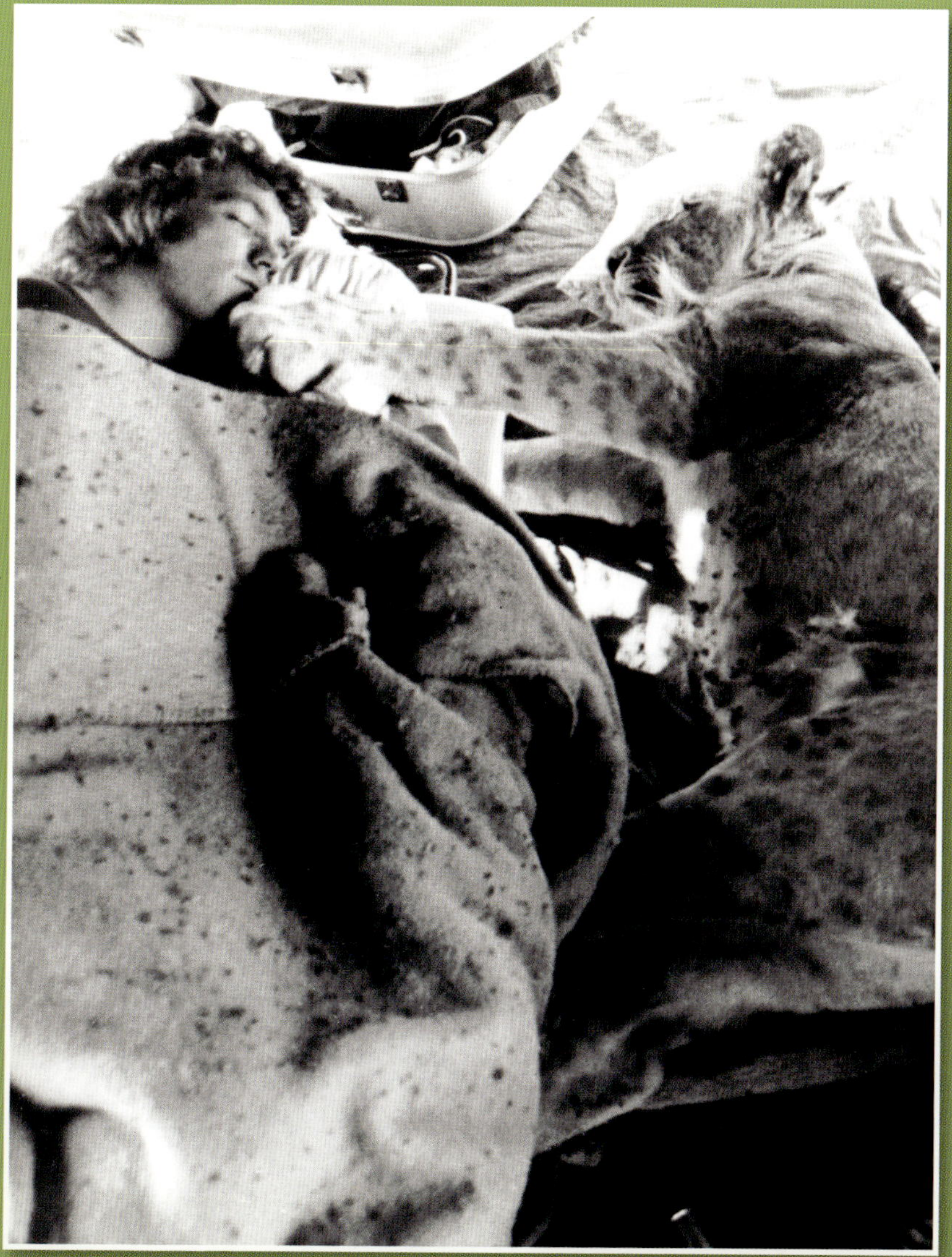

1971年の再会

メイン写真：クリスチャンはエースとジョンに気づき、2人の方に近づいて行く。

上の写真：エースとジョンに飛びつくクリスチャン。

クリスチャンは1年の間に体格が倍になっていた。

1972年、エースとジョンは再びクリスチャンに会いに行った。

さらに体格は大きくなっていたが、2人のことは覚えていて、愛情たっぷりにあいさつしてくれた。

下：岩の上からジョージのキャンプ地をながめる。

コラの自らの王国を見渡すクリスチャン。

にはモナとリザが待ち伏せしていたのだ。彼らとしてはただ僕たちを驚かそうとふざけていただけなのだろうが、もし僕たちがひどく怯えたり、逃げ出したりしていたら、とても危険な状況になっていたはずである。とにかくクリスチャンは僕たちを守ろうとしてくれたわけで、それは嬉しいことだった。スーパーカブはイタズラ好きの性格で、リザもおてんばなライオンだった。だがジュマとモナはとてもシャイだった。ジョージはサー・ウィリアム・コリンズへ宛てた手紙の中で、皮肉なことに、人間とひんぱんに接してきたロンドン出身のクリスチャンが、コラの生活には一番早く適応していると書いたそうである。

カンピ・ヤ・シンバにはさまざまな設備が整えられるようになっていた。テレンスがいくつも小屋を建設しており、その壁はセメント製で、屋根にはヤシの葉が敷かれていた。一番大きな小屋がキャンプ地のいわば本部となり、ジョージが外部と連絡を取る唯一の手段となる無線電話が設置された。そのほかには、旧式のタイプライター、本、手紙、日記、写真などが保管されていた。発電機もあったので冷凍庫を使うこともでき、ライオンの食料となるラクダの肉が貯蔵されていた。ライオンから隔離されたケージの中では、ジョージが雇っているコックのハミシが、直火で僕たちの料理を作ってくれた。

キャンプ地の周りには、ホロホロ鳥、大ガラス、サイチョウ、トカゲ、ヘビ、サソリなどいろんな生き物が見られた。また、ハゲワシが常に食べ残しの肉を狙っていて、クリスチャンがしきりに追い払っていた。

カンピ・ヤ・シンバでの日々は貴重な経験になったが、今回の滞在は数日間と決めていた。人間と長い間接触しない方がライオンのためになると判断したからである。キャンプ地を訪れる人もいたが、ジョージは彼らがライオンに近づくのを断っていた。そういう意味では僕たちは恵まれていたと言えるだろう。クリスチャンが率いるライオンの一団には、群れとして自立し、人間を警戒することが求められていたのだが、僕たちは例外だった。再会を果たした瞬間は、僕たちにとっても、ライオンたちにとっても喜ばしい日となった。

そしておよそ四〇年も経ってから、僕たちはユーチューブを通じ、世界中の何百万人という人たちと、あのときの感動を共有したのだった。

クリスチャンのもとを離れるのはもちろんつらかった。だが彼は現在の生活に満足していたし、すべてがうまくいっていたのだ。野生のライオンたちは静かにしていたし、コラには平和が訪れていた。僕たちを乗せた小型飛行機がコラの上空を旋回すると、クリスチャンをはじめとするライオンたちが、コラ・ロックの上からその様子を見上げていた。ケージの中にいるジョージに手を振ると、自然と涙が頬を伝ったものである。この過酷な環境で、クリスチャンは一体いつまで生きられるのだろうか？ コラの風景を見下ろしながら、僕たちの頭にはそんなことがよぎっていた。

14　最後のお別れ

ロンドンの僕らのもとへは随時連絡があり、一九七二年一月には、コラのジョージから二通の手紙をもらった。

私の仕事を手伝ってくれる若い男性が見つかった。トニー・フィッツジョンという、二七歳の青年だ。いろんな職業を転々としてきた、いわば放浪者みたいなものだが、この仕事に向いているし、能力もある。

トニーはもともと、仕事を求めてジョイのところへ手紙を出したようで、彼女からジョージと一緒に働くのを勧められたのだった。ジョージには情熱と才能を持った若いアシスタントが必要だとジョイは考えていたようである。そのトニーも僕たちに手紙を書いてくれた。

エースとジョンへ
まだお二人にはお会いしたことはありませんが、一筆書かせていただきます。ジョージのお手伝いをさせてもらっていますが、私もお二人に負けないほど、クリスチャンのことが大好きになりました。彼はびっくりするくらい早くここでの野生生活に馴染んでいますが、これまで以上にジョージになついているのも事実です。

クリスチャンが恵まれた環境で過ごしているのを聞いて安心したし、僕らはその年のうちにまたコラを訪れる予定だった。だが、その後の手紙により、クリスチャンやそのほかのライオンたちの生活が厳しくなっているのを知らされた。ボーイがいない状況で、クリスチャンだけでは縄張りを守るのが難しくなっていて、〝キラー〟と呼ばれている野生のライオンにスーパーカブが殺されてしまったとのことだった。
クリスチャンは野生のライオンたちと衝突してもなんとか生き延びていたが、ジョージによると、前足と肩のあたりにキズが絶えなかったという。ただしそれは、クリスチャンが勇敢に戦ってきた証でもあった。ジョージは手紙にこう書いている。

クリスチャンは野生のライオンと一対一の戦いをして、右の前足二カ所に深いキズを負ってしまった。それでも彼はまったく怖れている様子がなかった。ただ、それ以上争っても危険な状況だったため、私がなんとか言い聞かせて、クリスチャンをキャンプ地まで連れて帰り、ケガの治療をした。

クリスチャンは過酷な環境にあっても、決して怯まない、勇ましいライオンなのだろうが、その一方で、彼なりにフラストレーションを抱えるようになっていたようである。そのせいか、ある日、ジョージを待ち伏せして襲い、かみついてきたという。ただしすぐにやめたので、ジョージは無事だったものの、腕に爪のあとが残ったらしい。クリスチャン自身、〝ルールを破ってしまった〟ことは理解していたに違いないが、すぐにまた、今度はトニーに襲いかかって、彼を引きずりまわそうとした。トニーが鼻を強く殴ると、クリスチャンは攻撃をやめたので、トニーもまた重傷を負わずにすんだという。

僕たちはこのことを聞いてひどくショックを受けた。クリスチャンには、故意にしろ、そうじゃないにしろ、ジョージやトニーを簡単に殺せるほどの力が備わっているのだ。でも二人は、自分の縄張りが脅かされたり、思うように群れを形成できなかったりすることに、クリスチャンはストレスや孤独を感じているのだろうと言ってくれた。雌ライオンたちは野生のライオンたちと一緒になっており、これは彼女たちの野生回帰という点ではいいことだったものの、クリスチャンをひとりぼっちにしてしまった。僕たちはクリスチャンに同情するとともに、僕たちとの生活がいかに特別だったかをあらためて実感したものだった。イングランドで暮らした八カ月間、そこでの生活は野生の環境とはまったく異なるものであり、クリスチャンが誰かを襲ったことなど一度もなかった。いまはアフリカへ来て、大人のライオンになり、身体も大きくなった。クリスチャンと僕たちとの関係はもう以前とは変わってしまったのだろうか？　コラを訪れる人たちに対してクリスチャンがどんな反応を示すのか、僕たちにはもう予想できなかった。

クリスチャンと再会を果たしてから一年が経った一九七二年八月、僕たちはジョージにクリスチャンにまた会えるだろうかと尋ねてみた。トニー・フィッツジョンに直接会ってあいさつがしたいということもあった。ジョージは大歓迎してくれたが、クリスチャンがキャンプ地に姿を見せるかどうかはわからないとのことだった。野生のライオンの存在のせいで、クリスチャンはタナ川の上流地域の方へ追いやられており、そこで過ごすことが多くなっているようだった。それでも僕たちは出かけることにした。ジョージ自身がコラからの退去を迫られる可能性というものが常にあったし、僕たちがアフリカへ行くチャンスももうないかもしれないと思ったからである。

トニーがナイロビまで迎えに来てくれたが、彼に会った瞬間から、なぜジョージがこの若者を高く評価しているか、その理由がわかったものである。トニーは現在でも、ジョージのあとを引き継ぎ、タンザニアのムコマジ国立公園で動物の保護活動に従事しているし、ジョージ・アダムソン野生生物保護トラスト（ＧＡＷＰＴ）の現場責任者も務めている。また二〇〇七年には、大英帝国勲章を授与されている。

キャンプ地に到着すると、ジョージは風邪を引いていたものの、僕たちを温かく迎えてくれた。また、差し入れに持って来たウィスキーとジンを渡すと、嬉しそうにニッコリと笑ってみせた。クリスチャンは野生の雌ライオンとつがいになっているようで、キャンプ地からそう遠くないところにいるはずだったが、彼が僕たちの前に姿を見せたのは、到着して三日が経ったときだった。以前のように、飛びかかってはこなかったものの、愛情たっぷりのあいさつを交わしてくれた。

クリスチャンはケニアで一番大きなライオンかもしれないとジョージは考えているようだった。少なくともタナ地域にはクリスチャンほどの体格を持ったライオンは見当たらなかった。まだ三歳だったが、体重は二〇〇キロは超えているようで、ジョージによると、さらに大きくなるとのことだった。

ジョージとトニーは、夕食を食べながら、野生のライオンとの格闘などクリスチャンの冒険談をいろいろと聞かせてくれた。また、二人がクリスチャンに襲われたときの様子も教えてくれたが、どちらもクリスチャンを愛しており、怒ってはいないと言ってくれた。僕たちの話は夜遅くまで尽きなかった。するとその間、イタズラ好きのクリスチャンが何度かそばに寄って来ては、僕たちをイスから落とそうとするのだった。

以下はエースが両親へ宛てた手紙である。

僕たちは毎日のように、朝と夕方にはクリスチャンと一緒に散歩に出かけている。クリスチャンは前の年よりもすっかり落ち着いて見え、悠然としていた。身体も大きくなっており、一度だけ後足で立って、僕の方に寄りかかってきたが、乱暴な感じではなかった。ただし顔をペロペロと舐めてくるのは忘れなかったし、ジョンのひざの上に乗ろうとして、彼を危うく押しつぶしそうになったことも書き記しておこう！

今回の滞在で僕たちはクリスチャンがすっかり大人のライオンに成長したことを実感した。あいさつはしてくれたが、以前よりも独立心が強くなっており、僕たちと遊ぶときも、そのタイミングや時間の長さについて一線を引いているようで、ケージにいる時間はあまり多くなかった。トニーに対してはすっかり心を許しているようで、トニーはクリスチャンを通じて、ほかのライオンと知り合うようになっていた。トニーは野生での生活方法についてかなり詳しくなったが、その一方で、機械関係に強く、彼のおかげで、カンピ・ヤ・シンバと外部世界との連絡方法は飛躍的に改善されたのだった。

今回の滞在期間は九日間で、周辺の地域に遊びにでかけることが多かった。いつも新鮮な魚を提供してくれたテレンスとは一緒に釣りをした。彼は植物のことをよく知っており、イバラの茂みやアカシアの間に、乳香や没薬が取れる珍しい樹木を見つけては教えてくれるのだった。僕たちにとっては、アフリカの植物は色褪せており、その形態も、オーストラリアの半乾燥地帯に広がる森林とはまったく違うように見えた。それでも、アフリカとオーストラリアの大陸には、多種多様な気候と植物、広大な土地、遠くに見える地平線、明るい太陽の光、澄んだ青い空、太古の昔から続く静寂など、共通するものがたくさんあると感じたものである。興味深いことに、ジョージもジョイも、オーストラリアなど広い自然が広がる地域で、絶滅寸前のアフリカの動物を繁殖できないかと考えているようだった。だが今日では、どのような規模でおこなおうと、繊細な生態系バランスを崩す怖れがあるため、誰もこのような計画には本気で取り組まないだろう。

僕たちはジョージが政府に提出した、ライオンの群れに関する数年間の記録を読んだことがある。クリスチャンの野生復帰計画についても詳しく述べられており、とても面白く、また貴重なレポートだった。以前は、ジョージとジョイの仕事は、所定のやり方に沿っておこなわれた系統的な研究ではない、つまり〝科学的ではない〟として批判されることがあった。だが彼らは、特定の動物と何年にもわたって生活し、観察を続け、記録を残し、本を出版した。つまり、僕たちが文章でライオンの行動を知るうえで、彼らほど有益な仕事をした者はいないのだ。

雌ライオンたちは野生のライオンとつがいになり、クリスチャンは孤独になってしまった。そこでトニーがナイロビの養護施設から、若い雌ライオンを一頭連れて来ることになった。クリスチャンは名前だけの群れのリーダーになっており、雌ライオンたちも彼の敵と一緒になってしまったことで、彼だけでは縄張りを築くことも、子供を生み育てることも不可能になっていたのだ。

クリスチャンの野生生活は新たな段階へ入ろうとしていた。長期間ジョージのそばを離れることがあったが、おそらく次のすみかとなる場所を探し求めていたのだろう。彼がここまで無事に生き延びてきたことは嬉しかったが、彼はこれからもっと遠くへ行ってしまうだろうし、そうなればもう二度と会えなくなるに違いなかった。

ナイロビへ戻った僕たちは、政府高官、観光業・野生生物大臣、ロシアの駐ケニア大使など、ジョージの活動を支援してくれた人たちを招いて、『ワールズエンドのライオン』の上映会をおこなった。カンピ・ヤ・シンバのキャンプ地の運営には多額の費用がかかったが、ジョイがエルザ環境保護トラストを通じてジョージに財政支援をしてくれることはいっさいなかった。ビル・トラバースはほかにいくつものプロジェクトに関係しており、とくにジェーン・グドールのチンパンジーに関するドキュメンタリーの制作で忙しかった。ジョージの活動は、クリスチャンのドキュメンタリー番組の制作で得られた収入や、寄付金で支えられていた。

僕たちはロンドンへ戻ったが、トニー・フィッツジョンが一時帰国して僕たちのもとを訪れ、クリスチャンはとても元気にやっていると報告してくれた。しかも珍しいことに、野生のライオンの一頭とは、〝平和協定〟を結んでいるとのことだった。親友同士ではなく、行動をともにするわけでもなかったが、お互いに吠え合って、コミュニケーションを取っているようだった。

その一方で悪い知らせもあった。ソマリ族が畜牛とともにキャンプ地の近くに移動して来たのだが、クリスチャンが畜牛を数頭殺してしまったため、ジョージは仕返しをされるのを怖れているようだった。その地域では畜牛を飼うことが法律で禁止されていたので、政府や警察の指導でソマリ族を移動させたものの、その後も何度か衝突しそうになったことがあったという。さらに動物の牙、器官、皮などを狙う密猟者も、ジョージを悩ませる存在だった。

15　クリスチャンの影響

一九七三年になってまもなく、クリスチャンはタナ川を渡り、もっと獲物が見つかる場所を求め、メル国立公園がある北部の方へ移動したようだった。国立公園の中にいれば、密猟者やハンターに狙われることはなかったし、畜牛を連れた部族と問題を起こす心配もなかった。

残念なことに、ジョージはもう、クリスチャンがコラを離れている日数を記録するのをやめてしまっており、クリスチャンの消息はわからなくなっていた。それでも僕たちはその後数年に渡り、何か新しい知らせが来ないかと待っていたものである。僕たちとしてはクリスチャンが無事に縄張りを築き、立派に群れを率いているはずだと考えたかった。あまりに遠くにいるため、ジョージのところへは戻って来られないだけなのだと……。さらには、彼はその後一〇年は生きたはずだし、現在ではクリスチャンの子孫たちがケニアの地で元気に暮らしていると信じているところである。クリスチャンは奇跡的にアフリカへの帰還を果たし、危険な時期を無事に生き延び、大きく立派なライオンへと成長した。僕たちがそれ以上望むことは何もなかった。

コラでの最初の七年間で、ジョージは一七頭のライオンを野生へ戻すことに成功した。クリスチャンもそのうちの一頭だ。だが、野生の過酷な環境で、多くのライオンが命を落としたのも事実である。ジョージは自伝『追憶のエルザ』で、クリスチャンが築いたのは〝群れ〟ではなく、〝ピラミッド〟だったと書いている。ジョージは、クリスチャンが複数の野生の雌ライオンと仲良くなったのを知っていたので、少なくとも子孫を残し、生物学的には群れを持ったと考えただろう。だがカンピ・ヤ・シンバのキャンプ地にいたライオンは、ジョージがいろんな場所から連れて来たもので、年齢もさまざまだった。そしてジョージ自身が、自らの知識を活かし、忍耐強く、ライオンたちを育てていったのだが、それは結局、群れの形成ではなく、クリスチャンを頂点とするピラミッドを作っていたにすぎなかったのである。ジュマとリザは野生のライオンと一緒になり、子供を生み、その子供もまた新しい命をもうけた。ジョージは新たにライオンを連れて来ようとはしなかった。コラの周辺は獲物が少なく、ライオンたちが飢え死にしてしまう可能性があったからだ。ジョージは自伝の執筆と、ライオンたちの観察記録を残すことに没頭した。

コラは一九七三年一〇月に国立公園に指定された。その結果、ジョージと彼が管理するライオンたちは政府の保護を受け、野生復帰計画は国の正式な活動として認められることになった。ジョージはずっとコラに住み続けたが、彼はその土地を、「ロンドンからやって来た、陽気で、イタズラ好きで、勇敢な若いライオン」に捧げる記念の場所と考えてくれていたようである。だが一九八九年、ジョージは悲惨な事件に巻き込まれてしまう。キャンプ地を訪れたある女性が、空港へ向かう途中で盗賊団に襲われ、ジョージは彼女を助けようとして射殺されてしまったのである。

僕たちはジョージに出会えたことを誇りに思っているし、彼がクリスチャンに惜しみない愛を注いでくれたことに深く感謝している。彼ほどライオンを理解していた者はいないと思うし、ライオンたちの方でもジョージを全面的に信頼していたからこそ、ケガをすれば彼に頼ったのだ。まさに〝ライオンのカウンセラー〟だったのである。

彼が文書として残した、ライオンとその保護活動に関する記録は貴重な財産だ。僕たちもまた、彼の活動に心を動かされた多くの人々と同様、野生生物の保護活動の支援に取り組んでいるところである。

『野生のエルザ』が発表されて以降、アフリカや野生生物に対する世間一般の関心は高まり、サー・ウィリアム・コリンズが社長を務めたジョイの本の版元であるコリンズ社からは、重要な書物がいくつも出版された。代表的なものとしては、ジェーン・グドールの『チンパンジーと人間』（一九七一年）、ミレーラ・リチャルディの『*Vanishing Africa*』（一九七一年）があり、そのほかにも自然史や人類の起源に関連した書籍として、ロバート・アードリーの『*The Territorial Imperative*』（一九六六年）、デーヴィッド・アテンボローの『地球の生きものたち』（一九七九年）が発刊された。現在の野生生物の保護活動があるのは、彼らのおかげであり、地球温暖化など今日問題となっている環境破壊について、最初の警鐘を鳴らした人物の一人がジョイだったのだ。

アフリカに生息するライオンの数は、クリスチャンを自然に戻した四〇年ほど前に比べて、三分の一になったというデータもある。ジョージが残した記録は、今後の取り組みに向けて重要になるだろう。僕たちもジョージ・アダムソン野生生物保護トラスト（GAWPT）を通じて、さまざまな保護活動プロジェクトを積極的に支援しているところである。

ジョンは一九七三年に単独でコラを訪れているし、その後もケニア、タンザニア、南アフリカで野生生物の保護活動をサポートしている。また、ＧＡＷＰＴの理事として英国王立地理学協会などで講演をしているほか、ジャーナリストとして活動し、野生生物に関する広報活動やコンサルタントにも取り組んでいる。二〇〇八年には、四頭のクロサイを南アフリカからタンザニア・ムコマジのトニー・フィッツジョンのもとへ移送するまでを追ったドキュメンタリー『*Mkomazi: The Return of the Rhino*』の制作責任者を務めた。また、ＧＡＷＰＴを通じ、ジョージが亡くなって以降、事実上放置状態となっているコラ国立公園の再建にも尽力しているところである。

エースはオーストラリアを拠点として、アボリジニと植民地文化を専門とするアートキュレーターとして活躍している。二人は最初にアフリカを訪れたときから、現地の編物、彫刻、ビーズのネックレス、その他の民芸品を買い集めたものだが、その後も部族アートの収集が趣味となっている。とくにエースはオーストラリアの先住民について興味を抱くようになり、多様で豊かな伝統芸術に驚かされる一方、アボリジニに対する迫害、社会的、経済的差別の歴史についてもあらためて気づかされたという。

今回、ユーチューブの映像をきっかけに多くの人たちが再びクリスチャンの話に興味を持ってくれたわけだが、僕たちもまた、彼と過ごしたときを思い出したり、写真を見たり、また彼のことが好きになったりして、楽しい時間を過ごすことができた。

そして彼にまた会いたいなという気持ちにもなった。僕たちは無事にクリスチャンをアフリカの大地へ戻すことができたわけだが、振り返ってみると、すべての事柄がウソのように順調に進んだわけで、奇跡に近かったと思う。

クリスチャンには不思議な魅力あり、彼はその魅力で自らの運命を切り開いたと言えるような気がする。ハロッズで売られることになったのも、客の心をくすぐる何かがあったからだろうし、事実僕たちは、彼に引きつけられ、自分たちでも驚くことに、お金を払って買ってしまったのだ。一緒に並んでいたクリスチャンのきょうだいのマルタには、正直なところ、それほど魅力は感じなかったのである。ビル・トラバースも「すごくかわいいライオンだ」と言って、ケニアのジョージのところへ連絡を取ってくれたのだった。そしてクリスチャンはビルの映画の中で主人公を務めたし、ジョージのお気に入りのライオンとなって、多くの人々、ほかのライオンたちからも愛された。コラはクリスチャンのために作られ、クリスチャンが問題なくそこの自然環境に適応できたからこそ、国立公園に指定され、ジョージも一九年にわたって滞在できたのである。

四〇年が経った現在でも、ジョージの活動はしっかりと受け継がれており、クリスチャンのおかげで僕たちもまた、すべての生き物の相互関係、野生生物の保護活動の重要性を認識するようになった。クリスチャンのストーリーに感動したすべての人たちが力を合わせ、地球全体が直面している問題を少しでも解決できたら、これほど素晴らしいことはないはずである。

ジョージ・アダムソン野生生物保護トラストについて

ジョージ・アダムソン野生生物保護トラスト（ＧＡＷＰＴ）は、ジョージの友人と支援者により一九八〇年に設立された。ジョージが一九八九年にコラで盗賊団に殺害されてからは、ジョージのアシスタントを一八年務めたトニー・フィッツジョンがトラストの現場責任者に就任した。

トラストの初代会長は、ケンブリッジ大学で応用生物学を教えていたキース・エルトリンガム博士が務め、現在は勅選弁護士で国会議員のボブ・マーシャル・アンドリューズが会長となっている。理事にはアラン・トールソン、アンドリュー・モーティマー（ともにトニーのミルヒル校時代の友人）、アンソニー・マリアン（ジョージとトニーのケニアの友人）、ブルース・キンロック少佐（戦功十字勲章を受勲。ケニアの地方長官を務めたほか、ウガンダ、タンザニア、マラウイの主任猟区管理人も歴任した）、ブライアン・ジャックマン（『サンデー・タイムズ』紙などに寄稿する野生生物ジャーナリスト）が名前を連ねている。そのほかにも理事として、ジョン・レンダル、ポール・シャボー、ジェームズ・ルーカス、ティム・ピート、ピーター・ウェイクハムがプロジェクトの発展を支援し、トラストは、米国、ケニア、タンザニア、ドイツ、オランダにも設立されている。

一九八九年には、英国王立地理学協会の主催で、タンザニアのムコマジ・プロジェクトの発足を記念するレセプションが開かれた。

タンザニア北部のムコマジ動物保護区は、密猟、火災、乱獲などにより荒廃したが、タンザニア政府は一九八八年、同区を自然保護区域として再建する決定を下した。その結果、トニーとGAWPTに対しては、政府と協力し、さまざまな動物の生息環境の改善、社会基盤の整備、絶滅危惧種であるアフリカン・ワイルド・ドッグ（リカオン）とクロサイの保護活動、ムコマジ動物保護区周辺の村々への協力の働きかけ、村の学校の子供たちへの環境問題に関する教育プログラムの実施などをおこなう依頼があった。

それからおよそ二〇年が経ち、トニーとGAWPT、さらに多くの友人や慈善トラストからの財政援助のおかげで、ムコマジ動物保護区は国立公園に格上げされることになった。また、タンザニアでは唯一となるサイの保護区域の設置と、アフリカン・ワイルド・ドッグの飼育下繁殖プログラムの導入に成功している。一九八九年にジョージが亡くなって以降、コラ国立公園は、管理と資金の不足、密猟、違法な放牧などにより、荒れ果ててしまった。ＧＡＷＰＴでは現在、ケニア野生生物公社と、コラおよびキャンプ地の再建へ向けて、交渉をおこなっているところである。

ＧＡＷＰＴの詳しい情報を知りたい方、または寄付をご希望される方は、以下のサイトをご覧ください。

英国：www.georgeadamson.org
米国：www.wildlifenow.com

訳者あとがき

クリスチャンは永遠の存在になったなと思う。四〇年ほど前に書かれた本の主人公が、ユーチューブというインターネット上の新しいツールのおかげで、再び世界の人たちの注目を集めるようになった。それだけクリスチャンの物語は、時代を超越して、人々を魅了する力を持っているのだろう。

だが永遠と感じる理由はそれだけではない。クリスチャンは一九七三年頃を最後に、その姿を誰にも目撃されていない。消息がわからなくなった以上、エースとジョンと同じく、「無事に縄張りを築き、立派に群れを率いているはずだ」と想像するほかはない。四〇年という歳月を考えればもう生きてはいまいが、生きている証拠も死んでいる証拠もないため、その存在は永遠になったと思うのである。

生とか死という話になると、たまに、リレーのバトンのようなものが頭の中をよぎるときがある。ただし、人は別に誰かからバトンを受け取って生まれてくるわけではないし、誰かにバトンを渡そうと思っても、受け取ってくれなかったり、渡す相手がいなかったりということもある。そもそも、そんなことを考えている人はいないかもしれないし、自分がバトンを持っているのかどうかさえも怪しいものだ。

だからこのたとえは言い得て妙というわけではなく、ただの思いつきでしかないのだが、生物というものが、過去から未来へとつながっていくのは間違いないだろう。その意味では永遠だ。一方、個というものは必ず姿を消していく。クリスチャンはおそらくアフリカの大地で死んでしまっただろうし、僕たちも、遅かれ早かれ、永い眠りにつくことになる。

大事なのはおのおのの生き方——そうかもしれない。各自がこの世に生きたあかし——それも重要かもしれない。だが、そんな考えを意識することとしないことに、大きな違いがあるようには思えない。この世は夢まぼろしだとか影法師の歩みにすぎないと言っているのではない。僕たちが生きていることは間違いなく現実だからだ。そうではなく、もっと普遍的で、根源的なことがあるような気がするのである。

永遠というのは、不死のことではなく、ときどき思い出してあげることなのではないだろうか。僕たちがクリスチャンというライオンを思い出すとき、アフリカのライオンというものにも思いを馳せることができれば、こんなに喜ばしいことはないはずだ。永遠のいのちというより、ときに星を見上げてみる。それぐらいがちょうどいいように感じられるのである。

二〇〇九年一二月

ライオンのクリスチャン
都会育ちのライオンとアフリカで再会するまで
2009年12月10日　初版印刷
2009年12月15日　初版発行
＊
著　者　アンソニー・バーク＆ジョン・レンダル
訳　者　西《にし》　竹《たけ》　徹《とおる》
発行者　早　川　浩
＊
印刷所　株式会社精興社
製本所　大口製本印刷株式会社
＊
発行所　株式会社　早川書房
東京都千代田区神田多町2－2
電話　03-3252-3111（大代表）
振替　00160-3-47799
http://www.hayakawa-online.co.jp
定価はカバーに表示してあります
ISBN978-4-15-209096-6　C0098
Printed and bound in Japan
乱丁・落丁本は小社制作部宛お送り下さい。
送料小社負担にてお取りかえいたします。

ハヤカワ・ノンフィクション

図書館ねこデューイ

——町を幸せにしたトラねこの物語

DEWEY

ヴィッキー・マイロン

羽田詩津子訳

46判上製

ほんとうにいた、
世界一かわいい図書館員の物語

寒い冬の朝、図書返却ボックスから救出された子ねこは、信頼しきった大きな目と、人なつこい表情で来館者の人気者になった。自らの病や子育てに苦労しつつも、デューイの世話をし、ともに図書館を盛りたててきた著者が、愛猫の一生を温かく綴る感動エッセイ。

ハヤカワ・ノンフィクション

マーリー

——世界一おバカな犬が教えてくれたこと

ジョン・グローガン　Marley & Me

古草秀子訳

46判並製

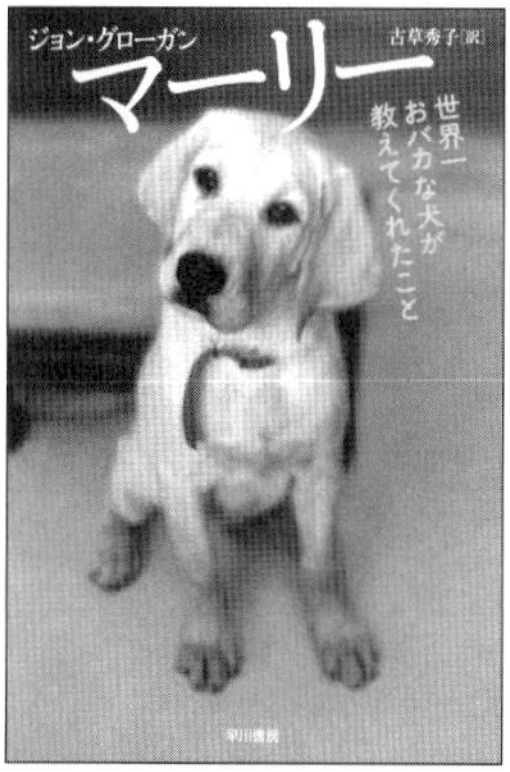

きみがいてくれたから、僕らには笑いが絶えなかった。

名犬に育てるつもりで引き取ったラブラドール・レトリーバーの仔犬マーリーは、みるみる大きくなって、なんと手のつけられないほど無邪気なバカ犬に！　愛すべきやんちゃな犬とある家族の一三年間の生活を綴る、抱腹絶倒、そして感動のエッセイ。同名映画原作

ハヤカワ・ノンフィクション

戦火のバグダッド動物園を救え

——知恵と勇気の復興物語

Babylon's Ark

ローレンス・アンソニー＆
グレアム・スペンス
青山陽子訳
46判上製

イラク戦争後、市民が動物園を略奪していると聞いて現地に飛んだ自然保護活動家が見たのは悲惨な光景だった。多くの動物は食べられ、残った動物たちも渇きと飢えの中にいた。知恵と機転で餌や物資を入手して動物園を立て直していく著者の情熱が溢れる感動の実話。